工程施工现场技术管理丛书

机 械 员

王凤宝　主编

中 国 铁 道 出 版 社
2010年·北京

内容提要

本书作为工程施工现场技术管理丛书之一，内容翔实、全面，实用性强。全书共分六章，分别为机械管理人员的基本职责与要求、机械设备管理的内容与方法、机械设备的资产管理、机械设备使用与检修管理、机械设备的安全管理，机械设备状态监测与故障诊断技术管理。

本书既可作为施工企业质量、技术或管理用书，也可作为施工企业质量相关方面培训教材。

图书在版编目(CIP)数据

机械员/王凤宝主编．—北京：中国铁道出版社，2010.12
(工程施工现场技术管理丛书)

ISBN 978-7-113-11945-4

Ⅰ.①机… Ⅱ.①王… Ⅲ.①建筑机械－基本知识 Ⅳ.①TU6

中国版本图书馆 CIP 数据核字(2010)第 184796 号

书　　名：工程施工现场技术管理丛书
机　械　员

作　　者：王凤宝

策划编辑：江新锡　徐　艳
责任编辑：徐　艳　　**电话**：51873193
封面设计：崔丽芳
责任校对：张玉华
责任印制：李　佳

出版发行：中国铁道出版社(100054，北京市宣武区右安门西街 8 号)
网　　址：http://www.tdpress.com
印　　刷：三河市华业印装厂
版　　次：2010 年 12 月第 1 版　2010 年 12 月第 1 次印刷
开　　本：787mm×1092mm　1/16　印张：9.5　字数：235 千
书　　号：ISBN 978-7-113-11945-4
定　　价：22.00 元

前　言

我国正处在经济和社会快速发展的历史时期，工程建设作为国家基本建设的重要部分正在蓬勃发展，铁路、公路、房屋建筑、机场、水利水电、工厂等建设项目在不断增长，国家对工程建设项目的投资巨大。随着建设规模的扩大、建设速度的加快，工程施工的质量和安全问题、工程建设效率问题、工程建设成本问题越来越为人们所重视和关注。

加强培训学习，提高工程建设队伍自身业务素质，是确保工程质量和安全的有效途径。特别是工程施工企业，一是工程建设任务重，建设速度在加快；二是新技术、新材料、新工艺、新设备、新标准不断涌现；三是建设队伍存在相当不稳定性。提高队伍整体素质不仅关系到工程项目建设，更关系到企业的生存和发展，加强职工岗位培训既存在困难，又十分迫切。工程施工领域关键岗位的管理人员，既是工程项目管理命令的执行者，又是广大建筑施工人员的领导者，他们管理能力、技术水平的高低，直接关系到建设项目能否有序、高效率、高质量地完成。

为便于学习和有效培训，我们在充分调查研究的基础上，针对目前工程施工企业的生产管理实际，就工程施工企业的关键岗位组织编写了一套《工程施工现场技术管理丛书》，以各岗位有关管理知识、专业技术知识、规章规范要求为基本内容，突出新材料、新技术、新方法、新设备、新工艺和新标准，兼顾铁路工程施工、房屋建筑工程的实际，围绕工程施工现场生产管理的需要，旨在为工程单位岗位培训和各岗位技术管理人员提供一套实用性强、较为系统且使用方便的学习材料。

丛书按施工员、监理员、机械员、造价员、测量员、试验员、资料员、材料员、合同员、质量员、安全员、领工员、项目经理十三个关键岗位，分册编写。管理知识以我国现行工程建设管理法规、规范性管理文件为主要依据，专业技术方面严格执行国家和有关行业的施工规范、技术标准和质量标准，将管理知识、工艺技术、规章规范的内容有机结合，突出实际操作，注重管理可控性。

由于时间仓促，加之缺乏经验，书中不足之处在所难免，欢迎使用单位和个人提出宝贵意见和建议。

编　者

2010 年 12 月

目 录

第一章 机械管理人员的基本职责与要求 ……………………………… (1)

第一节 机械设备管理人员的职责 ……………………………… (1)

第二节 机械设备管理人员的要求 ……………………………… (4)

第三节 机械设备管理人员的培训 ……………………………… (6)

第二章 机械设备管理的内容与方法 ……………………………… (9)

第一节 概 述 ……………………………… (9)

第二节 编制机械设备使用计划 ……………………………… (11)

第三节 机械设备管理方法 ……………………………… (12)

第三章 机械设备的资产管理 ……………………………… (18)

第一节 设备前期管理 ……………………………… (18)

第二节 设备购置管理 ……………………………… (27)

第三节 机械设备的动态管理 ……………………………… (37)

第四节 机械设备的考评 ……………………………… (41)

第四章 机械设备使用与检修管理 ……………………………… (52)

第一节 机械设备的选用管理 ……………………………… (52)

第二节 机械设备的使用管理 ……………………………… (56)

第三节 机械设备的检修管理 ……………………………… (69)

第五章 机械设备的安全管理 ……………………………… (80)

第一节 机械设备的安全生产管理 ……………………………… (80)

第二节 机械设备的事故管理 ……………………………… (83)

第三节 机械设备的有关安全规定 ……………………………… (95)

第六章 机械设备状态监测与故障诊断技术管理 ……………………………… (102)

第一节 机械设备的状态监测 ……………………………… (102)

第二节 常用检测与诊断方法 ……………………………… (106)

第三节 机械设备的检查与修理 ……………………………… (114)

第四节 机械设备修理的一般工艺 ……………………………… (132)

第五节 机械零件的修复工艺 ……………………………… (140)

参 考 文 献 ……………………………… (146)

第一章　机械管理人员的基本职责与要求

要管理好机械设备，首先必须了解管理人员本身所担负的职责，以及对自己的知识和能力的要求，参照对比，努力使自己达到标准。

第一节　机械设备管理人员的职责

一、机械管理部门的职责

(1)认真贯彻执行上级颁布的各项管理条例、规章制度，并及时检查执行情况。

(2)根据上级颁发的各项规章制度，结合本单位情况，制定实施细则。

(3)及时检查各基层单位对于机械技术经济定额执行情况。

(4)参加施工组织设计工作。

(5)编制年、季度机械使用计划、修理计划和更新、改造计划，并组织实施。

(6)掌握机械的技术状况，做好机械运转、维修和消耗等原始记录的汇总统计及上报，做好统计分析工作。并将微机应用于台账和统计报表。

(7)组织开展红旗机车竞赛活动，定期进行机械检查考评工作，表彰奖励机械管理优秀单位和先进个人。

(8)负责新购机械的申请，提出造型意见，并组织新机验收工作，负责全部机械的分配、调动、编号、建账、建卡和建档工作。

(9)办理机械设备的封存、启封、报废、处理工作，并加强对停用、封存机械的管理。

(10)办理机械的日常调度工作及对外机械租赁事项。

(11)会同有关部门对机械事故进行调查、处理和上报。

(12)总结推广机械管理、使用、保养、修理改造等方面的先进经验，不断提高机械管理水平。

(13)负责机械设备维修定额、台班费用定额的执行、检查和指导。

(14)开展单机单车核算，对下属项目经理部进行检查指导。

(15)办理车辆的养路费、营运费、使用税的交纳工作。

(16)应用全面质量管理办法，不断提高机械管理水平。

(17)配合安全部门做好车辆年检工作。

(18)配合有关部门做好机械技术人员的培训。

二、班组管理大型养路机械的职责

班组是直接操纵或使用大型养路机械的生产单位，正确使用设备是保证设备正常运行，避免设备的不正常磨损或损坏，防止人身、设备事故的发生，延长设备的使用寿命和大修周期，降低备件消耗，减少维修费用，确保生产正常进行的关键之一。其管理职责是：

(1)根据段和车间的施工计划，负责布置各机组的施工生产任务和作业要求。

(2)负责各机组操作人员当日的作业岗位和任务安排，指挥各机组施工区间摘挂和现场的施工作业。

(3)认真填写"大型养路机械运转记录"，按保养要求，及时将设备技术状态和运用情况报主管部门，以便合理安排定期保养时间。

(4)积极配合设备科安排的有关新设备、新部件的试验和验收工作。

(5)严格按照设备操作程序及防护要求组织施工作业，坚持一日标准化作业制度；操作人员要爱护设备，认真做好设备的日常保养和定期保养，严禁设备超负荷或带病运转。

(6)加强大型养路机械业务知识的学习，不断提高操作人员的业务技能，定期组织开展岗位技术练兵比武活动，培养操作人员故障排除、检修处理的能力。

(7)操作人员要取得大型养路机械的驾驶及操作资格，努力提高使用机械动力设备"三好"(管理好、使用好、维修好)、"四会"(会使用、会养修、会检查、会排除一般故障)的水平。

(9)加强班组成本核算，严格控制日常消耗材料的使用管理，积极开展"修旧利废，增产节约"活动，杜绝一切不必要的浪费。

(10)班组要建立内部考核分配制度，责任到人，严格考核，因违章操作或工作责任心不强造成设备故障和材料浪费并影响施工作业者，将追究其经济责任。

(11)按照设备科的大型养路机械年检计划，负责落实各机组年检工作。

(12)向车间反映大型养路机械设备的状态和检修计划要求，并积极参与车间组织的设备状态调查工作。

(13)组织处理大型养路机械的现场故障，并及时向车间汇报处理情况。

三、项目机械员岗位职责

(1)认真贯彻执行各级颁发的各项管理制度。

(2)及时掌握工程施工进度和机械设备需要情况。

(3)负责组织编制机械设备使用计划。

(4)负责组织编制机械设备保修计划。

(5)负责组织有关人员定期对机械设备的保修工作进行落实检查。

(6)负责机械设备修理工作的落实及机械修理的进出厂检验和修理过程的检验。

(7)负责本项目机械设备使用、维修、保养工作的各项原始资料的收集、归档，按规定上报各种报表。

(8)协助机械管理部门做好新购机械设备的验收。

(9)协助调查机械事故工作，确保安全生产。

(10)负责项目机械设备的租赁工作。

(11)负责机械设备定机定人的落实管理工作。

(12)有计划地开展机械设备使用、维修、保养工作的评比和竞赛工作。

(13)领导交办的其他工作。

四、机械设备调度人员岗位的职责

(1)认真贯彻执行上级颁发的机械设备调度管理制度。

(2)及时了解项目工程施工的机械使用情况。

(3)根据施工需要编制机械使用计划。

(4)及时了解项目机械设备的技术状况。

(5)负责机械设备定机定人的监督检查工作。

(6)协助做好机械设备的租赁工作。

(7)负责机械设备使用过程中的安全生产落实工作。

(8)负责机械设备使用中的环保工作的检查落实。

(9)认真做好机械设备的交接工作。

五、机械维修人员岗位职责

(1)认真贯彻执行上级颁发的各项管理制度。

(2)负责编制项目经理部的机械保修计划,按规定上报机械设备的年、季、月度修理计划。

(3)负责机械设备维修过程中进、出厂检验和修理过程检验。

(4)根据施工生产需要制定合理的修理方案。

(5)负责机械设备保养工作的落实、监督、检查工作,确保保养及时、到位。

(6)做好机械设备修理资料的收集、整理、归档工作。

(7)做好新购机械设备的验收工作。

六、机械配件技术管理员岗位的职责

(1)负责机械配件的储备及供应,并领导配件库。

(2)负责搜集和管理配件工作必须的技术资料,包括各型机械的配件目录、配件图册、配件互换手册以及通用件、标准件的规格、数量等。

(3)负责编制配件储备定额(包括品种、储备形式及最大、最小储备量),核算储备资金,并按实际消耗量及资金周转期,定期修订储备定额,逐步做到合理储备。

(4)按配件储备定额及机械修理更换件明细表确定自制或外购件,按规定工作程序及时办理配件进货计划。

(5)参加机械大修前预检和解体后的检查,了解主要零件的磨损情况,以利于实行配件ABC分类管理法。

(6)对需要而又缺乏来源的配件,应积极采取解决措施;对进口机械配件尽量设法以国产配件代用。

(7)组织配件保管员合理存放配件,及时提供储备量信息,定期保养清点,做到账、卡、物一致,并组织旧件收回修复利用工作。

七、机械租赁站站长岗位的职责

(1)认真贯彻执行上级颁发的各项规章制度。

(2)根据有关规定,依法经营。

(3)根据施工生产情况积极做好项目施工机械的进场工作。

(4)负责租赁机械设备的租赁、结算、维修、保养工作。

(5)了解所属各单位施工工程概况和机械设备需求情况。

(6)负责租赁市场的开发工作。

(7)了解社会租赁市场发展状况及机械设备需求行情。

(8)负责组织完备的市场开发,售后服务,市场跟踪机制。

(9)负责为项目利用设备的租赁指导监督工作。

(10)负责制定本单位机械设备租赁管理办法。

(11)负责逐步完善租赁站各项规章制度,实现科学管理和健康发展。

(12)负责租赁站工作人员的培训工作。

(13)负责租赁设备的安全生产和三位一体的贯彻工作。

第二节 机械设备管理人员的要求

一、主管人员

1. 对主管人员的知识要求

(1)基础知识

1)懂得施工机械的名称、型号、规格、性能、用途以及施工生产中的合理配套要求。

2)懂得机械基础、电工基础、流体力学、液压传动、机械制图、公差配合以及与机械有关的各项技术标准的基本知识。

3)懂得安全生产知识。

4)掌握一门外语的基本知识。

(2)企业管理知识

1)懂得施工企业管理的性质、特点、任务、职能、原则、制度和组织机构等基本知识。

2)懂得施工企业计划、生产、质量、安全、技术、物资、成本、财务、劳动人事等管理的基本内容及其与机械管理工作的关系。

3)懂得全面质量管理、目标管理、信息管理、网络计划技术、价值工程、系统工程、ABC 管理等现代管理方法,以及计算机在管理中的应用。

(3)专业知识

1)熟悉国家和上级颁发的有关机械管理条例、规定以及本企业有关的规章制度、规程、标准。

2)熟悉本企业机械管理工作的历史、现状及其发展趋势。

3)熟知本企业机械管理体制、机构,机械的数量和分布情况。

4)熟知现代机械管理的理论、内容和方法,掌握国内外机械管理水平及其动向。

5)熟知机械管理各项技术经济指标的种类、含义、应用范围及其考核方法。

6)懂得机械磨损理论和各项维修制度的特点及其内容。

2. 对主管人员的能力要求

(1)能贯彻国家和上级关于机械管理的方针、政策和法规。

(2)能根据机械综合管理的要求,建立机械管理和维修体系,制定全年机械管理的方针目标和措施。

(3)能制订组织机构及所属人员的岗位职责、各项工作制度和标准,以及机械管理的方针、目标、措施计划、质量保证体系等。

(4)能进行调查研究,综合分析机械的使用、维修、改造、更新状况和更新改造资金、维修费用等使用情况，处理存在问题，提出改进措施。

(5)能深入现场解决实际问题，并不断创新改进工作，运用现代机械管理理论和方法，逐步实现机械管理现代化。

(6)能计算、分析、评价有关机械管理的技术经济指标，组织经济核算和分析。

(7)能组织全体机械专业人员的技术培训，学习现代机械管理的理论和方法，并加以推广应用，不断提高管理的技术业务水平。

(8)善于发现机械管理、使用、维修以及安全、环保、节能等方面的问题，能及时解决并能创新改革，指导机械管理部门运用现代机械管理方法和推广先进的检测诊断技术。

(9)组织机械的合理使用、正确处理使用与维修的关系，延长机械使用寿命。

二、操作维修人员

1. 对操作维修人员的知识要求

操作维修人员一般应具有高中以上文化水平，经过岗位职务培训，达到中专专修班水平，考核合格取得岗位职务合格证书。

(1)基础知识

操作维修人员应具备的基础知识要求与主管人员大体相同。

(2)专业知识

1)机械修理管理员(工程师)应具备的专业知识：

①熟悉机械各种修理方法的特点、要求和适用范围，机械大修周期以及送修标志；

②熟悉机械修理计划的基本任务和系统管理方法以及计划编制方法和要求；

③熟知滚动计划和网络计划的特点、编制方法与应用；

④懂得机械修理的工艺过程、质量检查、竣工检验的基本要求；

⑤了解机械故障的检查、诊断方法和对故障的分析与控制的知识；

⑥熟悉机械修理的技术经济定额和指标，懂得修理费用的核算和分析。

2)配件技术管理员(工程师)应具备的专业知识：

①懂得库存管理的基本概念、目的、控制方法，以及 ABC 管理法的原理和做法；

②熟悉配件管理工作的内容和基本要求；

③懂得机械构造、零部件的装配要求和磨损规律以及零部件质量的检测方法；

④熟悉本企业机械种类、型号、规格、性能、拥有量、结构特点及其易损的关键零部件与消耗情况；

⑤懂得各种材料的性能、用途及各种零件修复工艺在机械修理中的应用；

⑥掌握常用配件的消耗规律，懂得配件的互换和改、代方法；

⑦熟悉本地区配件供求情况及配件供应、协作渠道。

2. 对操作维修人员的能力要求

(1)能贯彻执行国家和上级有关机械管理的方针、政策和法规。

(2)能参与拟定机械管理制度和工作程序。

(3)能设计机械管理必需的原始凭证和报表，并能搜集、整理、分析、积累有关数据和资料。

(4)能计算、分析、评价机械管理的技术经济指标。

(5)能指导现场正确使用和管理机械，对存在的问题能提出改进措施和建议。

(6)能组织机械操作和维修人员的技术培训和考核发证。

(7)能编制与机械管理有关的简单计算机程序，并能上机操作。

(8)机械修理管理员(工程师)应具备的能力：

1)能编制各种机械修理计划，进行平衡、协调，按时检查并实施。

2)能拟订机械修理计划的工作程序、管理制度、绘制工作流程图，能制定计划修理用的各种表式及收集、整理、分析、积累、贮存和反馈与修理计划有关的数据资料。

3)会运用滚动计划进行计划调整，会应用网络计划技术控制修理进度，并能对较大的机械修理或改造项目进行时间与资源的优化管理。

4)能协助主管建立机械维修体系，选择机械维修方式，善于发现机械维修中的问题，提出改进维修管理的意见和措施。

5)能对机械修理计划的实施进行技术指导和解决修理中的技术问题，能组织机械修前鉴定和修后验收工作。

6)能熟练地运用各种计算技术与方法，能估算、核算、分析、评价机械维修费用和各项技术经济指标。

(9)配件技术管理员(工程师)应具备的能力：

1)能拟定配件管理工作程序，编制各类配件管理基础表卡，以及收集、整理配件目录、图册等资料。

2)能经济合理地确定配件储备的原则、品种、方式、定额和最佳储备量，预测配件的需要和费用。

3)能根据机械维修需要和配件消耗规律，编制配件采购、自制计划，组织配件采购和自制工作，并提出自制配件的图纸和质量要求。

4)能参与关键配件更换鉴定，对回收的旧件根据技术状况提出修复利用意见。

5)能进行调查研究，综合分析配件供需中的主要问题，并提出对策。

6)善于发现配件管理工作中的薄弱环节，并予以改进。能应用现代管理方法不断提高配件管理工作。

7)能领导配件库做好配件保管、保养工作。

第三节　机械设备管理人员的培训

一、对机械管理人员的培训

机械管理人员可分为主管人员和一般管理人员，其中包括具有技术职称的技术人员和没有技术职称的一般管理人员。对于他们的培训，应首先解决还达不到岗位职能要求的人员，使他们通过培训，具备应有的知识和能力，胜任所承担的业务工作。在此基础上，再组织提高所有管理人员素质的专业培训，以适应现代管理技术发展的需要。

主管人员的培训，应由国家或省、市主管部门组织，委托有建筑机械专业的大专院校代培，这样可以充分利用专业院校的师资和教育设备，以保证教育质量。主管人员应通过培训，达到熟悉本专业所需的基础理论和专业知识，并能组织、协调、指挥本专业管理人员工作，正确贯彻执行国家和上级对机械管理的方针、政策、条例、规定，胜任所承担的职能。

对于在职人员的培训，主要有脱产培训和短期培训，条件允许时，也可采用专业进修、业余函授等方式。

(1)脱产培训

在职脱产培训要坚持理论知识教育和实践结合的原则,从实际出发,以培养业务能力为主,使学员具有机械管理、技术、经济的基本理论基础,掌握本专业必须的基础知识,培养成具有现代知识和能力结构、合格的机械管理专业人员。

在职脱产学习时间不宜过长,以不超过一年为宜,其学习进度应按正规学习方式安排,总学时约1 000学时左右。

(2)短期培训

短期培训具有时间短、内容专一、针对性强、见效快、易于组建等特点,是一般机械管理人员补充专业知识、提高作业能力的有效形式。

1)短期培训班的课程内容

①机械管理人员的知识更新,内容包括现代设备工程的理论、方法、手段等。

②现代技术在新型机械上的应用,如液力、液压传动、电子技术等。

③预防维修的开展和状态监测、诊断技术的应用。

④反映机械修理新工艺的机械表面工程学。

⑤有关机械经营承包、租赁、经济核算和分析等提高机械经济效益的理论和方法。

⑥其他有针对性的专题学习和培训。

2)短期培训的组织

由于培训对象是一般机械专业人员,为了维持企业日常工作,只能采取轮训方式。这种短期专业培训,应由省、市主管部门组织,委托同级协会主办。对于学习人员较多的培训班,应分期进行,以便于机械专业人员能分批脱产参加。培训班的学习时间一般不超过三个月,视需要而定。

3)短期培训的形式

短期培训班还可以根据内容和要求,组织不脱产的在职学习,如小型专题研讨会,定期学术讲座、现场学习会、经验交流会等多种形式。

二、对机械操作人员的培训

机械设备的操作人员,一般应具有初中以上文化程度,并经专业技术培训合格的人担任。建设部制定的《机械施工工人技术等级标准》中对机械操作工人分为初、中、高三个等级和相应的应知、应会要求,据此,还组织编写了六个主要工种操作工的培训教材,供企业培训使用。

机械操作人员直接使用机械,他们的技术水平对用好机械具有决定性作用。对他们的培训重点是提高对机械性能、结构的了解,掌握必要的维修技能,进一步提高操作技能等方面。由于操作人员流动分散,采取正规的集中学习方式不易实现。因此,可根据操作人员工作特点,采取多种形式的培训方法:

(1)自学为主,定期辅导。

(2)利用施工淡季进行短期集中培训。

(3)有计划地分批培训。

(4)在实际操作机械前,对新工人进行集中的专业培训。

(5)对新型机械的使用培训。

(6)特种工的专业培训。

三、对机械维修人员的培训

现代施工机械结构复杂,技术含量高。施工企业现有维修人员普遍存在技术单一,知识老化的问题,难以适应现代机械维修的要求,对他们的培训比操作人员更为迫切。由于维修人员技术要求全面、难度大、成材周期长等特点,要用更多的精力才能达到培训要求。

(1)制定规划,培养一批高素质维修人员。在大型修理厂或机械化程度较高的单位,应有计划地培养一些技术全面、具有多专业、多学科的理论与实践知识,并有丰富的维修实践经验的维修技师,以带动整个维修队伍水平的提高。

(2)有计划轮训现有维修人员。对于维修人员较多的工程局或集团公司,应在所属职工学校或技术学校中设置维修专业班,轮训在职维修人员。由于维修专业的课程较多,学期应在一年左右,并应由理论水平较高的工程师和经验丰富的技师授课。

(3)举办多种形式的专题短期培训班。企业应针对维修工作中的薄弱环节,对现有维修人员进行培训。在尽可能不影响生产的情况下,采取半脱产或不脱产的轮训方式。学习时间一般不超过一个月。学习内容应本着缺什么补什么的原则,解决“应知不知、应会不会”的问题。

第二章 机械设备管理的内容与方法

设备管理是一项十分繁杂的综合性工作，主要包括装备管理、资产管理、使用管理、维修管理和经济管理。这五项内容在机械设备管理中互为融通、互相交叉。

第一节 概 述

一、机械设备综合管理的特点

设备管理除了具有一般管理的共同特征外，与企业的其他专业管理比较，还有以下特点：

1. 技术性

设备管理需要工程技术作为基础，不懂技术就无法搞好设备管理工作。作为企业的主要生产手段，设备是物化了的科学技术，是现代科技的物质载体。

2. 综合性

设备管理的综合性表现在：

(1)现代设备包含了多种专门技术知识，是多门科学技术的综合应用。

(2)设备管理的内容是工程技术、经济财务、组织管理三者的综合。

(3)为了获得设备的最佳经济效益，必须实行全过程管理，它是对设备各阶段管理的综合。

(4)设备管理涉及物资准备、设计制造、计划调度、劳动组织、质量控制、经济核算等许多方面的业务，汇集了企业多项专业管理的内容。

3. 随机性

许多设备故障具有随机性，使得设备维修及其管理也带有随机性质。为了减少突发故障给企业生产经营带来的损失和干扰，设备管理必须具备应付突发故障、承担意外突击任务的应变能力。这就要求设备管理部门信息渠道畅通，器材准备充分，组织严密，指挥灵活；人员作风过硬，业务技术精通；能够随时为现场提供服务，为生产排忧解难。

4. 全员性

现代企业管理强调应用行为科学调动广大职工参加管理的积极性，实行以人为中心的管理。设备管理的综合性更加迫切需要全员参与，只有建立从厂长到第一线工人都参加的企业全员设备管理体系，实行专业管理与群众管理相结合的制度，才能真正搞好设备管理工作。

二、现代设备管理的新趋势

随着经济全球化以及工业化和信息化的发展，机械制造、自动控制、可靠性工程及管理科学出现了新的突破，使现代设备的科学管理呈现了新的趋势，把握这一新趋势，对于促进企业设备管理的现代化和科学化具有重要的现实意义。现代设备管理的新趋势主要体现在如下五个方面：

1. 设备管理信息化趋势

设备管理的信息化是现代社会发展的必然，是以丰富、发达的全面管理信息为基础，通过先进的计算机和通讯设备及网络技术设备，充分利用社会信息服务体系和信息服务业务为设备管理服务。

(1)设备投资评价的信息化。通过设备管理信息系统的数据库获得投资多方案决策所需的统计信息及技术经济分析信息，为设备投资提供全面、客观的依据，从而保证设备投资决策的科学化。

(2)设备经济效益和社会效益评价的信息化。设备信息系统的构建，可以积累设备使用的有关经济效益和社会效益评价的信息，利用计算机能够短时间内对大量信息进行处理，提高设备效益评价的效率，为设备的有效运行提供科学的监控手段。

(3)设备使用的信息化。信息化管理使得对设备使用的各种信息的记录更加容易和全面，这些使用信息可以通过设备制造商的客户关系管理反馈给设备制造厂家，提高机器设备的实用性、经济性和可靠性；同时设备使用者通过对这些信息的分享和交流，有利于强化设备的管理和使用。

2.设备维修社会化、专业化、网络化趋势

传统的维修组织方式已经不能满足生产的要求，有必要建立一种社会化、专业化、网络化的维修体制。设备维修的社会化、专业化、网络化的实质是建立设备维修供应链，可以提高设备的维修效率、减少设备使用单位备品配件的储存及维修人员，从而提高了设备使用效率，减少资金占用。

3.可靠性工程在设备管理中的应用趋势

可靠性是一门研究技术装备和系统质量指标变化规律的科学，并在研究的基础上制定能以最少的时间和费用，保证所需的工作寿命和零故障率的方法。可靠性科学在预测系统的状态和行业的基础上建立选取最佳方案的理论，保证所要求的可靠性水平。

可靠性工程通过研究设备的初始参数在使用过程中的变化，预测设备的行为和工作状态，进而估计设备在使用条件下的可靠性，从而避免设备意外停止作业或造成重大损失和灾难性事故。可靠性标志着机器在其整个使用周期内保持所需质量指标的性能。

4.状态监测和故障诊断技术的应用趋势

设备状态监测技术是指通过监测设备或生产系统的温度、压力、流量、振动、噪声、润滑油黏度、消耗量等各种参数，与设备生产厂家的数据相比，分析设备运行的好坏，对机组故障作早期预测、分析诊断与排除，将事故消灭在萌芽状态，降低设备故障停机时间，提高设备运行可靠性，延长机组运行周期。

设备故障诊断技术是一种了解和掌握设备在使用过程的状态，确定其整体或局部是否正常或异常，早期发现故障及其原因，并能预报故障发展趋势的技术。采用设备状态监测技术和故障诊断技术，就可以事先发现故障，避免发生较大的经济损失和事故。

5.从定期维修向预知维修转变的趋势

设备的预知维修管理是现代设备科学管理发展的方向，为减少设备故障，降低设备维修成本，防止生产设备的意外损坏，通过状态监测技术和故障诊断技术，在设备正常运行的情况下，进行设备整体维修和保养。

预知维修的发展是和设备管理的信息化、设备状态监测技术、故障诊断技术的发展密切相关的，预知维修需要的大量信息是由设备管理信息系统提供的，通过对设备的状态监测，得到关于设备或生产系统的温度、压力、流量、振动、噪声、润滑油黏度、消耗量等各种参数，由专家系统对各种参数进行分析，进而实现对设备的预知维修。

设备管理的新趋势是和当前社会生产的技术经济点相适应的，这些新趋势带来了设备管理综合水平的提升。但这些发展趋势并不是相互孤立的，它们之间相互依存、相互促进：信息化在设备管理中的应用可以促进设备维修的专业化、社会化；预知维修又离不开设备的故障诊断技术和可靠性工程；设备维修的专业化又促进了故障诊断技术、可靠性工程的研究和应用。

第二节　编制机械设备使用计划

为了细化管理，克服机械使用中的混乱状况，工程项目部应根据施工的进展情况按月、季编制机械使用计划。

一、中标工程总体使用计划

中标工程总体使用计划见表2—1。

表2—1　中标工程总体使用计划表

工程名称		所在省市		总工作量	
工期		主体工程内容			
序号	机械名称	规格		来源	计划台数

二、季度机械使用计划

季度机械使用计划见表2—2。

表2—2　季度机械使用计划表

序号	机械名称	规格	施工计划			需要数量(台)				调配(台)			备注
			作业名称	数量	计划台班	季均需要量	月	月	月	现有	调入	调出	

第三节　机械设备管理方法

一、办理机械登记卡

机械登记卡片是反映机械主要情况的基础资料，其主要内容：正面是机械各项自然情况，如机械和动力的厂型、规格，主要技术性能，附属设备、替换设备等情况；反面是机械主要动态情况，如机械运转、修理、改装、机长变更、事故等记录。

机械登记卡片由产权单位机械管理部门建立，一机一卡，按机械分类顺序排列，由专人负责管理，及时填写和登记。本卡片应随机转移，报废时随报废申请表送审。

本卡的填写要求，除表格及时填写外，"运转工时"栏，每半年统计一次填入栏内，具体填写内容见表2—3及表2—4。

表2—3　机车车辆登记卡

填写日期　　　　年　　月　　日

名称		规格		管理编号	
厂牌		应用日期		重量(kg)	
		出厂日期		长×宽×高(mm)	
	厂牌	型式	功率	号码	出厂日期
底盘					
主机					
副机					
电机					
附属设备	名称	规格	号码	单位	数量
前轮	规格		气缸	数量	备胎
中轮					
后轮					
来源		移动调拨记录	日期	调入	调出
计入日期					
原值					
净值					
折旧年限					
更新时间	时间		更新改装内容		价值

表2—4　运转统计

记载日期	运转工时	累计工时	记载日期	运转工时	累计工时

续上表

<table>
<tr><td colspan="2">记载日期</td><td>运转工时</td><td>累计工时</td><td>记载日期</td><td>运转工时</td><td>累计工时</td></tr>
<tr><td colspan="2"></td><td></td><td></td><td></td><td></td><td></td></tr>
<tr><td colspan="2"></td><td></td><td></td><td></td><td></td><td></td></tr>
<tr><td rowspan="5">大修理记录</td><td>进厂日期</td><td>出厂日期</td><td>承修单位</td><td>进厂日期</td><td>出厂日期</td><td>承修单位</td></tr>
<tr><td></td><td></td><td></td><td></td><td></td><td></td></tr>
<tr><td></td><td></td><td></td><td></td><td></td><td></td></tr>
<tr><td></td><td></td><td></td><td></td><td></td><td></td></tr>
<tr><td></td><td></td><td></td><td></td><td></td><td></td></tr>
<tr><td rowspan="5">事故记录</td><td>时间</td><td>地点</td><td colspan="3">损失和处理情况</td><td>肇事人</td></tr>
<tr><td></td><td></td><td colspan="3"></td><td></td></tr>
<tr><td></td><td></td><td colspan="3"></td><td></td></tr>
<tr><td></td><td></td><td colspan="3"></td><td></td></tr>
<tr><td></td><td></td><td colspan="3"></td><td></td></tr>
</table>

注：每半年总填一次。

二、及时掌握企业机械资产状况

机械台账（表2—5）是掌握企业机械资产状况，反映企业各类机械的拥有量、机械分布及其变动情况的主要依据，它以《机械分类及编号目录》为依据，按类组代号分页，按机械编号顺序排列，其内容主要是机械的静态情况，由企业机械管理部门建立和管理，作为掌握机械基本情况的基础资料。

表2—5　机械设备台账

类别：

序号	管理编号	名称	型号规格	制造厂	出厂日期	出厂号码	底盘号码	来源	调入日期	原值（元）	净值（元）	动力部分					调出		备注
												名称	制造	型号	功率（kW）	号码	日期	接收单位	

1.机械原始记录

机械原始记录共包括以下几种

（1）机械使用记录，是施工机械运转的记录，由驾驶操作人员填写，月末上报机械部门。汽车使用记录，是运输车辆的原始记录，由操作人员填写，月末上报机械部门。

（2）机械原始记录，均按规定的表格，不得各搞一套，这样既便于机械统计的需要，又避免造成混乱。

（3）机械原始记录要求驾驶操作人员按实际工作小时填写准确、及时、完整，不得有虚假，机械运转工时按实际运转工时填写。

（4）机械驾驶人员的原始记录填写好坏，应与奖惩制度结合起来，作为评奖或惩罚条件之一。

2.施工单位机械设备实有、完好情况表

施工单位机械设备实有、完好情况见表2－6。

表2－6　主要施工机械设备实有、完好情况报表

填报单位：

序号	机械名称	能力			质量情况			运用情况		备注
		计算单位	数量	总能力	日历台日数	完好台日数	完好率	定额台班	实作台班	利用率
1	挖掘机(1.0m³ 及以上)	m³								
2	推土机(180hp 及以上)	kW								
3	装载机(2m³ 及以上)	m³								
4	压路机(14t 及以上)	t								
5	平地机(160hp 及以上)	kW								
6	凿岩台车(二臂及以上)	台								
7	露天钻机(进口各型)	台								
8	TBM 或盾构	台								
9	汽车起重机(8t 及以上)	t								
10	轮式起重机(20t 及以上)	t								
11	履带起重机(25t 及以上)	t								
12	塔吊(100t·m 及以上)	t·m								
13	载重汽车(5t 及以上)	t								
14	自卸汽车(8t 及以上)	t								
15	混凝土搅拌站(60m³/h 及以上)	m³/h								
16	混凝土搅拌输送车(6m³ 及以上)	m³								
17	混凝土泵(60m³/h)									
18	混凝土泵车(各型)	台								
*19	打桩机(各型)	台								
*20	钻机(各型)	台								
21	长钢轨焊接生产设备(套)	(套)								
22	铺轨机(各型)	台								
23	架桥机(各型)	台								
24	造桥机(各型)	台								
25	大型机构化养路设备(套)	(套)								
26	接触网恒张力放线车、作业车(各型)	台								
27	稳定土拌和站(各型)	台								
28	稳定土摊铺机(各型)	台								
29	混凝土摊铺机(各型)	台								
30	沥青搅拌站(各型)	台								
31	沥青摊铺机(各型)	台								

主　管：　　　　审核：　　　　填表人：　　　　填表日期：

注：* 暂定为该项目，如有问题具体填报时再提出。

3. 机械技术装备年报

机械技术装备年报(表 2—7),反映各单位机械化装备程度的综合考核指标。

表 2—7　技术装备年报

填报单位:

单位名称	自有设备台数(台)	年末自有设备价值(万元)		自有设备总功率(kW)	年末全部职工实有数(人)		技术装备率(净值)(万元/人)		动力装备率(kW/人)		年度建安价值(万元)	装备生产率	设备新度系数
		原值	净值		合计	其中:工人	全部职工	其中:工人	全部职工	其中:工人			

主　管:　　　　复　核:　　　　制　表:　　　　日　期:

4. 机械增减情况报表

机械增减情况报表(表 2—8),为反映机械保修性能情况的报表,由机械部门每月汇总上报。

表 2—8　机械增减情况报表

填报单位(单位):

序　号	增　加				减　少			备　注
	管理号码	机械名称	型号规格	价　值	管理编号	调出或报废文号	价　值	

主　管:　　　　复　核:　　　　制　表:　　　　日　期:

5. 几项统计指标的计算

(1)机械完好率。指本期制度台日数内处于完好状态下的机械台日数,不管该机械是否参加了施工,都应计算完好台日数,包括修理不满一天的机械,不包括在修、待修、送修在途的机械。

$$机械完好率=\frac{机械完好台日数+例节假日加班台日数}{报告期制度台日数+例节假日加班台日数}\times 100\%$$

制度台日是指日历台日数扣除例节假日数。

(2)机械利用率。指在期内机械实际出勤进行施工的台日数(表 2—9),不论该机械在一日内参加生产时间的长短,都作为一个实作台日,节假日加班工作时,则在计算利用率分子和分母都加例节假日加班台日数。

(3)技术装备:

$$技术装备率(元/人)=\frac{报告期内自有机械净值(元)}{报告期内职工人数(人)}$$

$$动力装备率(kW/人)=\frac{报告期内所有机械动力总功率(kW)}{报告期内职工人数(人)}$$

6. 对统计报表的基本要求

(1)统计报表要求做到准确、及时和完整,不得马虎草率,数字经得起检查分析,不能有水分。

(2)规定的报表式样、统计范围、统计目录、计算方法和报送期限等都必须认真执行,不能自行修改或删减。

(3)逐步建立统计分析制度,通过统计分析的资料,可以进一步指导生产,为生产服务。

(4)进一步提高计算机网络技术设备管理中的应用。

表 2—9　机械车辆使用情况月报表

序号	分类	管理编号	机械名称	技术规格	制度台日	质量情况		运转情况		利用率	行驶里程		完成情况		燃油消耗		备注
						完好台日	完好率(%)	实作台日	实作台时		重驶里程	空驶里程	定额产量	实作台班	汽油	柴油	

三、建立机械技术档案

机械技术档案是指机械自购入(或自制)开始直到报废为止整个过程中的历史技术资料,能系统地反映机械物质形态运动的变化情况,是机械管理不可缺少的基础工作和科学依据,应由专人负责管理。机械技术档案由企业机械管理部门建立和管理。

(1)机械技术档案的主要内容如下:

1)机械随机技术文件。包括:使用保养维修说明书、出厂合格证、零件装配图册、随机附属装置资料、工具和备品明细表、配件目录等。

2)新增(自制)或调入的批准文件。

3)安装验收和技术试验记录。

4)改装、改造的批准文件和图纸资料。

5)送修前的检测鉴定、大修进厂的技术鉴定、出厂检验记录及修理内容等有关技术资料。

6)事故报告单、事故分析及处理等有关记录。

7)机械报废技术鉴定记录。

8)机械交接清单。

9)其他属于本机的有关技术资料。

(2)A、B类机械设备使用同时必须建立设备使用登记书，主要记录设备使用状况和交接班情况，由机长负责运转情况的登记。应建立设备使用登记书的设备有：塔式起重机、混凝土搅拌站(楼)、混凝土输送泵等。

(3)公司机械管理部门负责A、B类机械设备的申请、验收、使用、维修、租赁、安全、报废等管理工作。做好统一编号、统一标识。

(4)机械设备的台账和卡片是反映机械设备分布情况的原始记录，应建立专门账、卡档案，达到账、卡、物三项符合。

(5)各部门应指定专门人员负责对所使用的机械设备的技术档案管理，作好编目归档工作，办理相关技术档案的整理、复制、翻阅和借阅工作，并及时为生产提供设备的技术性能依据。

(6)已批准报废的机械设备，其技术档案和使用登记书等均应保管，定期编制销毁。

(7)机械履历书是一种单机档案形式，由机械使用单位建立和管理，作为掌握机械使用情况，进行科学管理的依据。其主要内容有：

1)试运转及走合期记录；

2)运转台时、产量和消耗记录；

3)保养、修理记录；

4)主要机件及轮胎更换记录；

5)机长更换交接记录；

6)检查、评比及奖惩记录；

7)事故记录。

四、及时对企业固定资产进行清点

按照国家对企业固定资产进行清查盘点的规定，企业于每年年终时，由企业财务部门会同机械管理部门和使用保管单位组成机械清查小组，对机械固定资产进行一次现场清点。清点中要查对实物，核实分布情况及价值，做到台账、卡片、实物三相符。

清点工作必须做到及时、深入、全面、彻底，在清查中发现的问题要认真解决。如发现盘盈、盘亏，应查明原因，按有关规定进行财务处理。清点后要填写机械资产清点表，留存并上报。

为了监督机械的合理使用，清点时应注意以下事项：

(1)如发现保管不善、使用不当、维修不良的机械，应向有关单位提出意见，帮助并督促其改进。

(2)对于实际磨损程度与账面净值相差悬殊的机械，应查明造成原因，如由于少提折旧而造成者，应督促其补提；如由于使用维护不当，造成早期磨损者，应查明原因，作出处理。

(3)清查中发现长期闲置不用的机械，应先在企业内部调剂；属于不需用的机械，应积极组织向外处理，在调出前要妥善保管。

(4)针对清查中发现的问题，要及时修改补充有关管理制度，防止前清后乱。

第三章　机械设备的资产管理

第一节　设备前期管理

一、设备前期管理的意义

设备前期管理是指从规划到投产这一阶段的全部工作。对设备前期各环节进行有效的管理，将为设备后期管理和发挥施工机械设备的投资效果提供先决条件。

设备的前期管理是设备综合管理全过程的起点，是设备一生管理中十分重要的环节，它对设备后期管理有着先天性的影响，对提高装备技术水平和投资的技术经济效果具有重要作用。

设备前期管理，不仅决定了技术装备素质和生产力的提高，直接影响企业的市场竞争能力，同时也决定了企业的投资效益，关系到企业的生存和发展。

传统的设备管理工作往往要等设备已经进入或已经决定进入企业的固定资产产权范围以后才开始进行管理，而对企业为什么要购置或调进该项施工设备等重大问题反而过问不多，随着企业的发展和施工对象的不同及施工工艺水平的提高，企业的技术装备也必须进行有计划地充实、调整、更新，尤其是随着我国经济建设的改革开放，传统的设备管理方法已远远不能适应现代企业的发展需要。

设备前期管理是实现《企业设备管理条例》中关于企业设备管理主要任务即"对设备实行综合管理，保持设备性能完好，不断改善和提高技术装备素质，充分发挥设备效能，降低设备寿命周期费用，使企业获得良好的投资效益"的最关键的一环，其重要性在于：

(1)直接影响企业的施工生产和投资效益。

(2)决定了施工企业装备的技术水平和系统功能，影响到企业的生产率和施工质量。

(3)决定了技术装备的可靠性、适用性、维修性、安全性、环保性，还直接影响到装备效能的发挥和设备的后期管理。

二、设备固定资产

1. 固定资产的划分与分类

固定资产是固定资金的占用形态。施工机械设备是企业总资产的主要组成部分。企业设备不仅是生产经营活动的重要手段，也是企业的一种投资。

(1)施工企业固定资产的划分

1)耐用年限在一年以上；非生产经营的设备、物品，耐用年限超过两年的。

2)单位价值在 2000 元以上的。

不同时具备以上两个条件的为低值易耗品。

3)有些劳动资料，单位价值虽然低于规定标准，但为企业的主要劳动资料，也应列作固定资产。

4)凡是与机械设备配套成台的动力机械(发电机、电动机),应按主机成台管理;凡作为检修更换、更新、待配套需要购置的,不论功率大小、价值多少,均作为备品、备件处理。

(2)固定资产分类

1)按经济用途可分为:生产用固定资产和非生产用固定资产。

2)按使用情况可分为:租出用固定资产、未使用固定资产、不需用固定资产和封存固定资产。

3)按资产所属关系可分为:国有固定资产、企业固定资产、租入固定资产和不同经济所有制的固定资产。

4)按资产的结构特征可分为:房屋及建筑物、施工机械、运输设备、生产设备及其他固定资产。

2. 固定资产计价

固定资产按货币单位进行计算,称为固定资产计价。在固定资产核算中常计算以下几种价值。

(1)原值:施工企业在购置或自制某项施工机械时,实际发生的全部支出(包括购置价款、运杂费、安装费、培训费、税费等)。

(2)净值:又称折余价值,是固定资产原值减去其累计折旧的差额。净值与原值之比,能初步反映出施工机械的新旧程度。

(3)重置价值:又称重置完全价值,是指按当前生产条件和价格水平重新购置此项固定资产时所需的全部费用。一般在获得馈赠、盘盈或抵债的施工机械无法确定原值时,经评估机构对该项施工机械进行评估确定的价值。

(4)增值:指在原有固定资产基础上进行技术改造后增加的固定资产价值。施工机械大修理的费用,不能算作增值。只有在大修理的同时进行了技术改造,那么技术改造所支出的费用列入固定资产增值。

(5)残值和净残值。残值是指施工机械报废时的残余价值,即报废的施工机械拆除后余留的零部件、材料等的价值。

净残值是指残值减去清理费用后的价值。

3. 固定资产的分类与编号

(1)现行工业企业会计规定,将固定资产分为七类:

1)生产用固定资产;

2)非生产用固定资产;

3)租出用固定资产;

4)未使用固定资产;

5)不需用固定资产;

6)封存固定资产;

7)土地。

(2)企业的设备管理必须按有关规定对构成固定资产的机械设备进行逐台统一编号,这是机械设备管理工作的一项重要内容。铁路施工企业一般把施工机械设备分为土石方机械、动力机械、起重机械、运输机械、混凝土及钢筋机械、基础水工机械、木工机械、金属加工及维修机械、检测机械、线路机械十大类。如:某公司系统的设备编号采用七位阿拉伯数字组成,见表3-1。

表 3—1　机械编号目录

基建号	设备办号	设备名称	规　格
Ⅰ土石方机械			
101	811	※履带挖掘机	m^3
101	811	※轮胎挖掘机	m^3
102	813	※推土机	kW
103	454	※履带拖拉机	kW
103	454	轮胎拖拉机	kW
104	815	※自行铲运机	kW
105	819	※铲运机斗	m^3
106	816	※振动压路机	激振力 t
106	816	※静压压路机	t
107	814	※平地机	kW
109	812	挖沟机	kW
110	818	※履带装载机	m^3
110	818	※轮胎装载机	m^3
111	819	松土器	
112	835	※立爪装岩机	m^3/h
112	835	风动装岩机	m^3/h
112	835	电动装岩机	m^3/h
112	835	蟹爪装岩机	m^3/h
113	243	通风机	m^3/min
114	135	锻钎机	
115	136	磨钎机	
116	853	※潜孔钻机	直径×深度
117	835	※二臂凿岩台车	m/min
117	833	※三臂凿岩台车	m/min
117	833	※四臂凿岩台车	m/min
118	833	联合掘进机	
118	833	旋臂掘进机	m/min
119	812	露天钻机	直径×深度
120	833	※装药台车	kg/h
121	836	锚杆台车	m/min
122	836	隧道打眼车	m/min
123		捞土斗	m^3
124	833	水平钻机	直径×深度
125	859	注浆钻机	直径×深度
199	810	其　他	
Ⅱ动力机械			
201	241	※电动空压机	m^3/min
201	241	※内燃空压机	m^3/min
202	311	※发电机	kW
202	311	发电车	kW
202	311	发电船	kW
203	214	锅　炉	t/h
204	231	汽油机	kW

续上表

基建号	设备办号	设备名称	规格
204	232	柴油机	kW
205	321	电动机	kW
206	331	※变压器	kVA
208	351	高压开关柜	
209	352	低压开关柜	
210	353	电容器柜	kVA
210	355	油断路器	
210	356	油开关	
210	358	互感器	
210	359	隔离开关	
210	359	起动器	
210	353	高压配电盘	A/V
210	353	低压配电盘	A/V
211	289	锅炉附属设备	
	290	其　他	
Ⅲ起重机械			
301	426	※塔式起重机	t·m
302	425	※汽车起重机	t
303	425	※轮胎起重机	t
304	424	※履带起重机	t
305	421	蒸汽轨道吊	t
305	422	内燃轨道吊	t
306	413	龙门起重机	t
307	414	简易起重机	t
308	419	缆索起重机	t
309	411	桥式起重机	t
310	431	卷扬机	t
311	429	浮　吊	t
312	331	※架桥机	t
313	415	电动葫芦	t
314	839	千斤顶	t
315	849	※电气化架线车	
316	428	叉式起重机	t
317	849	※电气化安装车	
318	849	电气化立杆车	
319	434	施工电梯	t
320	429	拼装吊机	t
399	410	其　他	
Ⅳ运输机械			
401	401	※载重汽车	t
402	401	※自卸汽车	t
403	404	油槽汽车	L
404	402	水槽汽车	L
405	402	大客车	人数×kW
405	402	小客车	人数×kW
405	402	吉普车	人数×kW
405	402	小轿车	人数×kW
406	404	消防车	kW
406	404	救护车	kW
406	404	防疫车	kW

续上表

基 建 号	设 备 办 号	设 备 名 称	规 格
406	404	洒水车	kW
406	404	煤气罐车	kW
406	404	冷藏车	kW
406	404	警 车	kW
406	404	囚 车	kW
406	404	检测车	
406	404	综合作业车	
407	452	※拖车头带平板	t
408	441	皮带输送机	t/(h)
408	442	螺旋输送机	t/(h)
408	443	斗式输送机	t/(h)
409	456	电瓶车	kW
410	451	轨道车	kW
411	457	※梭式矿车	m^3
412	474	船 舶	
413	455	翻斗车	t
414	404	※拖 轮	
415	404	※铁 舶	
416	452	汽车拖半斗(板)	t
417	452	轨道平板车	t
499	490	其 他	
Ⅴ混凝土机械			
501	821	※混凝土搅拌机	L
502	822	砂浆拌和机	L
503	824	喷浆机	m^3/h
504	823	灌浆机	m^3/h
506	828	混凝土输送泵	m^3/h
507	826	混凝土振动台	吨×长×宽
508	861	混凝土振动筛	目
509	892	碎石机	长×宽
511	892	钢筋切断机	直接 mm
511	892	钢筋弯曲机	直接 mm
511	892	钢筋调直机	直接 mm
511	892	钢筋拉伸机	t
512	362	对焊机	kVA
512	362	点焊机	kVA
513	829	磨砂机	m^3/h
514	821	混凝土搅拌站	m^3/h
515	821	混凝土搅拌仓	m^3/h
517	834	※混凝土模板台车	长×宽×高
517	404	散装水泥罐车	kVA
518	404	※混凝土输送车	m^3
519	828	混凝土挤压泵车	m^3/h
520	824	混凝土三联机	m/h
521	824	※混凝土机械手	
522	829	水泥拆包机	
523	829	风送水泥机	
599	890	其 他	
Ⅵ基础水工机械			
601	832	蒸汽打桩机	t

续上表

基建号	设备办号	设备名称	规格
602	832	内燃打桩机	t
603	832	震动打桩机	激震力 t
604	851	套管钻机	直径×深度
604	851	回转钻机	直径×深度
604	851	冲击钻机	直径×深度
604	851	钻井钻机	直径×深度
604	851	地质钻机	直径×深度
604	851	潜水钻机	直径×深度
604	851	通孔钻机	直径×深度
604	851	反循环钻机	直径×深度
604	851	旋挖钻机	直径×深度
605	251	单级泵	扬程×流量
605	251	多级泵	扬程×流量
605	251	潜水泵	扬程×流量
605	251	深井泵	扬程×流量
605	251	污水泵	扬程×流量
605	251	泥浆泵	扬程×流量
605	251	真空泵	扬程×流量
605	251	柱塞泵	扬程×流量
605	251	沙　泵	扬程×流量
605	251	胶　泵	扬程×流量
605	251	灰渣泵	扬程×流量
605	251	混流泵	扬程×流量
605	251	往复泵	扬程×流量
606	837	浮　鲸	t
607	839	顶进设备	
608	832	打桩机锤头	t
309	747	※打桩船	
610	859	电杆钻坑机	直径×深度
611		沉拔桩机	激振力 t/拔桩力 t
612		槽壁机	
699	830	其　他	
		Ⅶ木工设备	
701	612	带　锯	直径 mm
701	610	圆　锯	直径 mm
701	613	截　锯	直径 mm
701	616	弓　锯	直径 mm
702	621	手压刨床	工作台　长×宽
702	622	单面刨床	工作台　长×宽
702	623	双面刨床	工作台　长×宽
702	624	三面刨床	工作台　长×宽
702	625	四面刨床	工作台　长×宽
703	631	木工钻床	
704	651	木工车床	
705	627	榫槽机	
706	641	木工修理设备	
707	633	开榫机	
708	652	木工铣床	长×宽
709		木工打眼机	
799	650	其　他	

续上表

基建号	设备办号	设备名称	规格
Ⅷ金属切削机床			
801	016	车　床	直径×深度
802	061	铣　床	工作台　长×宽
803	071	刨　床	最大行程
804	031	磨　床	直径×深度
805	021	钻　床	钻孔直径
806	026	镗　床	镗孔直径
807	075	插　床	工件直径×模数×行程
808	076	拉　床	拉力×行程
809	059	齿轮加工机床	直径×深度
810	050	螺纹加工机床	直径×深度
811	097	电火花加工机床	
812	097	联合加工机床	
913	029	搪缸机	直径×深度
814	029	搪瓦机	直径
815	029	搪刹车鼓机	直径
816	038	珩磨机	内径×行程
817	039	磨气门机	直径×肩角
818	039	气门座研磨机	肩角
819	083	金属锯床	锯长
820	161	剪冲设备	工件厚×宽
821	121	压力机	t
822	111	锻造设备	
823	171	卷板机	工件厚×宽
824	531	热处理设备	
825	404	工程修理车	
827	361	电焊设备	kVA
828	922	滤油机	kg/h
829	571	铸造设备	
830	522	炼钢炉	t
831	393	电镀设备	
832	249	打气泵	m/min
833	943	弯管机	工件直径
834	521	化铁炉	t/h
835	525	电石炉	t
836	932	加油机	kg/min
837		钢窗加工设备	
838		汽车修理设备	
899	990	其　他	
Ⅸ检测设备			
901	799	燃油泵试验台	
902	799	机油泵试验台	
903	793	电气试验台	
904	799	水力测功器	
905	713	耐压试验设备	
906	711	材料试验机	
907	724	探伤设备	
908	769	内燃综合试验设备	
909	769	液压试验设备	
910	333	试验变压器	

续上表

基　建　号	设　备　办　号	设　备　名　称	规　　格
999	790	其　他	
Ⅹ线路机械			
001	841	※铺轨机	km/h
002	841	铺轨龙门架	km/h
003	842	※铺砟机	
004	847	※液压起拨道机	
005	844	※液压捣固机	
006	845	※道砟整形机	
007	847	夯拍机	
008	849	铺轨钉连机	
009	848	沥青摊铺机	摊铺宽度(m)
010	848	沥青搅拌站	t/h
011	848	混凝土摊铺机	
012	848	三砟拌和机(稳定土)	宽度×深度 t/h
012	848	三砟拌和站	宽度×深度 t/h
013	848	铁路大型养路机械	kW
099	840	其　他	

注：带※的设备表示必备设备。

4. 固定资产折旧

(1)固定资产折旧的概念

固定资产折旧是指固定资产在使用过程中逐渐损耗转移到产品成本中去的那部分价值。

施工机械固定资产的折旧计算为平均折旧法、加速折旧法和复利法等三种。设备固定资产的折旧年限和预计净残值，由企业在下一年度以前将调整的折旧年限调整表，报上级财政备案。折旧年限和预计净残值一经确定，不得随意更改。

(2)施工机械固定资产折旧计算

施工机械固定资产折旧计算见表 3－2。

表 3－2　施工机械固定资产折旧计算

<table>
<tr><th>序号</th><th colspan="2">折旧方法</th><th>计算公式</th></tr>
<tr><td rowspan="2">1</td><td rowspan="2">平均折旧法</td><td>平均年限法（直线法）</td><td>固定资产的折旧额和折旧率的计算公式如下：
$$A_{年}=\frac{K_0(1+\beta)}{T}$$
式中　$A_{年}$——固定资产的年折旧额；
K_0——固定资产原值；
β——固定资产净残值（占原值的比率，取 3%～5%）；
T——固定资产折旧年限</td></tr>
<tr><td>工作量法</td><td>(1)按工作时间计算折旧：
$$A_{时}=\frac{K_0(1+\beta)}{T_{时}} \text{或} A_{班}=\frac{K_0(1+\beta)}{T_{班}}$$
式中　$A_{时}$ 或 $A_{班}$——单位小时、工作台班折旧额；
$T_{时}$ 或 $T_{班}$——在折旧寿命周期内使用的总工作小时或总工作台班数。
(2)按行驶里程计算折旧：
$$A_{km}=\frac{K_0(1+\beta)}{L_{km}}$$
式中　A_{km}——某种规格车型每行驶 1km 的折旧额；
L_{km}——某种规格车型寿命期内总行驶里程数；
K_0——固定资产原值；
β——固定资产残值或净残值</td></tr>
</table>

续上表

序号	折旧方法		计算公式
2	加速折旧法	年限总额法	设机械设备原值为 K_0，净残值为 β，折旧年限为 T，A_i 为在折旧年限内第 i 年的折旧额，t_i 为折旧年限 T 内第 i 年度，Z 为折旧系数(折旧率) 则　$A_1=Z\times K_0\times(1+\beta)$ 折旧系数为　$Z=\dfrac{T-t+1}{\dfrac{T(T+1)}{2}}$ 第 t 年的折旧额为　$A=Z_t\times K_0\times(1-\beta)$
		余额递减法	设:固定不变的折旧率为 Z，机械设备原值为 K_0，设备残值为 β，折旧年年的折旧额为 $A_i=K_0\times Z\times(1-Z)^T$，$t\leqslant T-1$。 余额递减法的主要特点是，残值必须大于零。 余额递减法计算折旧见表 3－3
		双倍余额递减法	第一阶段:折旧率按直线折旧法在残值为零时的折旧率的两倍计算，此值一经确定就固定不变。则: $Z_1=\dfrac{1}{T}\times 2\times 100\%$ 式中　Z_1——前一阶段的机械设备折旧率; 　　　T——机械设备计划折旧年限。 第二阶段:就是将剩余的待折旧额平均分配给剩余的各折旧年限。则: $Z_2=\dfrac{1}{T-t+1}\times 100\%$ 式中　Z_2——第二阶段的机械设备折旧率; 　　　t——第二阶段的折旧年份
3	复利法		复利法是用于计算机械设备折旧的复利法主要有年金法和偿债基金法，在分析比较时，只有当费用发生的方式相同、时间相同时，才能进行费用之间相比。在每个方案中，如果包含有不止一种方式，或每个方案的费用发生的方式结构不同，那么就要选定某一种方式进行换算。 在换算过程中，设 P 为现值，S 为终值，G 为每年等额增减速值，n 为年数(或计算期数)，i 为年复利率(或银行利率)。 凡收入的资金取(+)值，付出的资金取(−)值

表 3－3　余额递减法计算递减折旧系数和折旧额一览表

年份	年初净值	折旧系数	折旧额
$i=1$	K_0	Z	$K_0\cdot Z$
$i=2$	$K_0\cdot(1-Z)$	$Z\cdot(1-Z)$	$K_0\cdot Z\cdot(1-Z)$
$i=3$	$K_0\cdot(1-Z)^2$	$Z\cdot(1-Z)^2$	$K_0\cdot Z\cdot(1-Z)^2$
…	…	…	…
$i=T$	$K_0\cdot(1-Z)^T$	$Z\cdot(1-Z)^T$	$K_0\cdot Z\cdot(1-Z)^T$

(3)配件折旧计算

配件储备定额是指在一定条件下，为保证机械运行与维修所必须的最经济最合理的配件储备数量标准。它取决于配件的消耗量和供应周期。

配件消耗定额是指对某种配件所规定的在一定时间内的消耗数量。由于零件使用寿命受多方面的影响，如零件质量、使用条件、维修质量等因素，因此，制定配件消耗定额是一项比较复杂、细致的技术工作，其编制方法有统计分析法和经验估计法两种。

根据配件订货方式的不同，储备定额的计算方法有以下三种：

1)定量订货方式。这种方式适用于随时可以订购的零部件，每次订货数量可基本保持不变，当库存下降到最低储备时，可一次采购到最大储备量，周而复始，如图 3—1 所示。

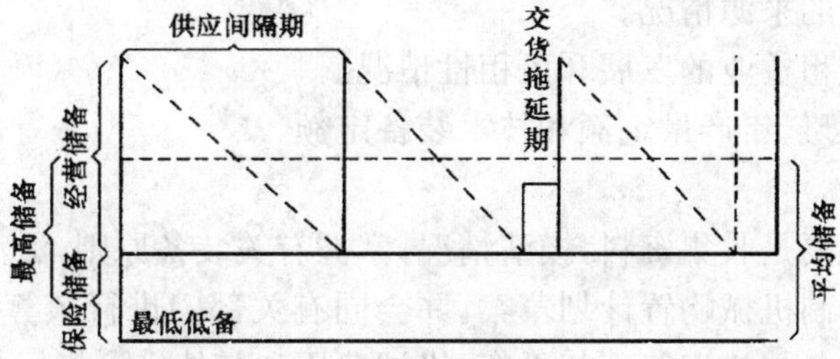

图 3—1　储备定额关系图

图中各储备量之间的关系如下：

最高储备定额＝经营储备定额＋保险储备定额

经营储备定额＝供货间隔期(日)×日均消耗量

保险储备定额(最低储备定额)＝保险储备天数×日均需求量

2)定期订货方式。这种方式适于按年或按季订货，年内订货次数和订货时间一般是同定不变的。这时的年储备定额可按下式计算。

$$年储备定额＝年消耗定额\times\frac{配件周转期(月)}{12(月)}\times储备系数$$

周转期是指配件从计划到入库所需的时间(月)。周转期的长短，直接关系到储备量的大小，因此，它是编制储备定额的重要依据。储备系数是对同型机械数量增加时，乘以不同的系数，以降低储备量。储备系数可参照表 3—4 选定。

表 3—4　配件储备系数

同型号机械台数	1	2～10	11～30	>30
配件储备系数	1	0.8～0.9	0.6～0.7	<0.5

$$年消耗定额＝\frac{同型号机械开动台数\times每台件数\times年台均计划使用时间(月)}{该配件的平均使用寿命}$$

3)维持库存方式。这种方式既不定量订货，也不定期订货，适用于非易损件，主要是一些使用量很少，需求的随机性很大，单价昂贵而又不易及时采购的配件。其储备的原则是适当地确定某个配件的储备量，随时补充，维持一定数量的库存。

第二节　设备购置管理

一、设备购置管理过程

(一)编制年度机械购置计划

机械装备规划是远期目标规划，还需要通过年度机械购置计划来实现，并应根据客观情况变化而对规划进行必要的调整和补充，使之符合实际需要。

1. 编制依据

(1)企业近期生产任务和技术装备规划。

(2)企业承担的工程体系、施工工艺和施工机械化的发展规划。

(3)本年度企业承担施工任务的实物工程量、工程进度以及工程的施工技术特点。

(4)年内机械设备的报废更新情况。

(5)充分发挥现有机械效能后的施工生产能力。

(6)机械购置资金的来源情况。

(7)社会施工机械租赁业的发展和可租性情况。

(8)施工机械年台班、年产量定额和技术装备定额。

2. 编制程序

(1)准备阶段。主要是收集资料,摸清情况,掌握有关装备原则,澄清任务,测算力量。

(2)平衡阶段。编制机械购置计划草案,并会同有关部门进行核算,在充分发挥机械效能的前提下,力求施工任务与施工能力相平衡,机械费用和其他经济指标相平衡。

(3)选择论证阶段。机械购置计划所列的机械品种、规格、型号等都要经过认真的选择论证。

(4) 确定阶段。年度机械购置计划由企业机械管理部门编制,经生产、技术、计划、财务等部门进行会审,并经企业领导批准,必要时报企业上级主管部门审批。

(二)申请购置机械设备

(1) 根据工程的需要,需增添或更新设备时,由公司机械管理部门填写机械设备购置申请(审批)表(见表 3—5),经生产副总经理审核、报总经理后,由机械管理部门负责购置。

(2)需自行添置机械设备的单位,由各单位设备负责人写出申请报告,各单位领导批准后方可自行购买。

表 3—5 机械设备购置计划申报表

序号	机械名称职	规格	厂家	数量	单价	使用项目	备注

(3)机械设备的选型、采购时,必须对设备的安全可靠性、节能性、生产能力、可维修性、耐用性、配套性、经济性、售后服务及环境等因素进行综合论证,择优选用。

(4)购置进口设备,必须经主管经理审核,总经理批准,委托外贸部门与外商联系,公司机械管理部门和主管经理应参与对进口机械设备的质量、价格、售后服务、安全性及外商的资质和信誉度进行评估、论证工作,以决定进口设备的型号、规格和生产厂家。

(5)进口机械设备所需的易损件或备件,在国内尚无供应渠道或不能替代生产时,应在引进主机的同时,适当地订购部分易损、易耗配件以备急需用。

(6)公司各单位在购置机械设备后,应将机械设备购置申请(审批)表、发票、购置合同、开箱检验单、原始资料登表等复印件交设备管理员验收、建档,统一办理新增固定资产手续。

(7)各单位、施工项目部所自购的设备经验收合格后,填写相关机械设备记录报公司机械管理部门建档。

(8)机械设备购置完成后应填写明细表(表 3—6),并向有关部门提交新机械申请管理号码审批表(表3—7)。

表3—6　机械设备购置完成明细表

序号	设备名称	型号规格	单位	数量	单价(万元)	合计价(万元)	投资来源(万元)			管理权限		购置文号	备注
							集团公司	融资	成员企业	大型	其他		

单位章：　　　　主管领导：　　　　编　制：

表3—7　新机械申请管理号码审批表

设备名称		设备办号	
设备型号		动力机编号	
设备规格		动力机名称	
管理类别	1. 大型　2. 其他	动力机型号	
组资日期		动力机规格(kW)	
来源(集团公司、融资、自筹、调剂)		动力机出厂日期	
保管单位		动力机制造厂	
制造厂		底盘号	
本机编号		底盘型号	
出厂日期		底盘制造厂	
外形尺寸		进口合同号	
整机重量		招标号	
原值		购置计划文号	
折旧年限		机械到达日期	
备注			

(三)选择最优机械装备

选择最优的机械装备是企业经营决策中的一项重要工作，正确地选择施工机械，可使有限的投资发挥最大的技术经济效益。

1. 机械设备选型依据和程序

机械设备选型的主要依据是使用范围、技术条件、技术装备规划、机型与单机价格。机械设备来源有自制、外购两种方式。选型程序如图 3－2 所示。

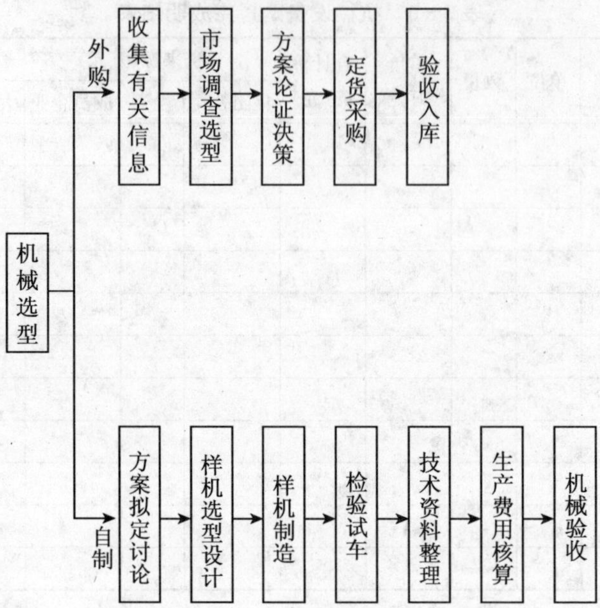

图 3－2　机械选型程序

2. 机械选型的原则

(1)生产上适用。生产上适用是符合企业装备结构合理化的要求，适合于施工需要，能发挥投资效果。

(2)技术上先进。它是以生产适用为前提，以获得最大经济效益为目的。既不可脱离企业的实际需要而片面追求技术上的先进，也要防止购置技术上已属落后的机型。

(3)经济上合理。在追求上述要求的前提下，还必须考虑购置费用的合理性，购置费的降低能减轻机械使用成本。

(四)订购机械设备

1. 订货程序

经过选择确定机型和生产厂后，由机械采购部门向生产厂或供应商联系询价和了解供货情况，并进一步与生产厂或供应商对价格及供货期等一些具体问题进行磋商，最后签订订货合同或订货协议。

2. 合同的签订

(1)国内一般合同的主要条款：

1)产品名称、商标、型号、厂家、数量、金额、供货时间及数量；

2)质量要求、技术标准、供方对质量负责的条件和期限；

3)交(提)货的方式；

4)运输方式及到达地(港)费用的负担；

5)合理损耗及其计算方法；

6)包装标准、包装物的供应和回收；

7)验收标准、方法及提出异议的期限；

8)随机备品、配件工具数量及供应方法；

9)费用结算方式及期限；

10)担保；

11)违约责任；

12)解决合同纠纷的方式。

(2)国际竞争性招标合同的签订

国际竞争性招标合同的签订既要符合我国的有关规定，同时要遵守国际贸易的惯例，除明确买卖双方的权利、义务及职责外，尤其要重视设备的验收、安装调试、现场服务、保修期、索赔、技术资料要求等条款。

国际竞争性招标的合同条款一般由表3－8所列部分组成。

表3－8　国际竞争性招标的合同条款组成

目录	目录
1. 定义	23. 质量保证
2. 适用性	24. 检验和索赔
3. 原产地	25. 索赔解决办法
4. 标准	26. 变更指令
5. 使用合同文件和资料	27. 合同修改
6. 专利权	28. 转让
7. 履约保证金	29. 分包
8. 检验和测试	30. 卖方履约延误
9. 合同价格	31. 误期赔偿费
10. 生产国另和制造厂商	32. 违约终止合同
11. 发运日期	33. 不可抗力
12. 发运地点	34. 因破产而终止合同
13. 目的地点	35. 因买方的便利而终止合同
14. 保险	36. 争端的解决
15. 包装	37. 合同语言
16. 装运标记	38. 适用法律
17. 付款条件及单据	39. 通知
18. 供货范围、技术描述及文件	40. 税和关税
19. 装运条件	41. 银行手续费
20. 装运通知	42. 合同生产及其他
21. 伴随服务	43. 附注
22. 备件	

(五)到货验收

1. 验收内容

(1)依据合同核定发票、运单、检查样品、规格和数量是否相符。如发现问题，应立即向承运单位及生产厂家提出质问、索赔或拒付货款及运费。

(2)开箱后依据装箱单、说明书、合格证等所写物品的种类、规格、数量及外观的质量进行检查，发现问题应向厂家提出索赔。

(3)国外引进设备的验收

1)数量验收：由接运部门会同国家商检部门开箱验收，确认是否符合合同规定的数量和要求；

2)引进设备质量验收时，请国外生产厂家派人参加验收，调试合格后签字确认；

3)机械本身性能的试验，除运转检查外，主要技术数据要通过仪器、仪表检测；

4)引进设备生产成品的试验，同样要求通过仪器、仪表测定各种数据是否符合规范的要求；

5)调试验收以后以使用单位为主，并写出专题报告，报上级部门归档检查备案。

2. 验收手续

(1)验收时机械管理人员和设备购置部门的人员同时参加,设备购置部门的人员负责验收设备的规格、型号、数量是否与合同相符,机械管理部门负责验收技术资料。

(2)国外引进的主要设备,档案部门同时参加验收其随机技术资料。

(3)验收结束,填写《固定资产验收单》,作为建立固定资产的依据。

(4)验收完毕,验收人在验收单签字后,向使用单位办理交接手续后,方可投入使用,未验收和未办理交接手续的设备不能投入使用。

(5)验收不合格的设备,由购置部门按合同向该厂索赔,问题解决后方可验收。

(六)机械设备安装调试

1. 设备安装的位置与基础

设备安装位置确定的基本原则是要满足施工生产和施工工艺的需要及维修保养等方面的要求。同时,要符合有关的规范和标准的规定。

设备基础对设备的安装质量、保证设备的正常运行以及生产的产品质量等具有重大影响。对建筑施工设备的基础,应严格按照设备使用说明书所提供的地基图纸,在施工技术人员的指导下进行设备基础的施工,确保其质量。

设备基础完工后,应严格按有关验收规范进行验收。

2. 设备安装工艺流程

设备安装的一般工艺流程如图 3—3 所示。

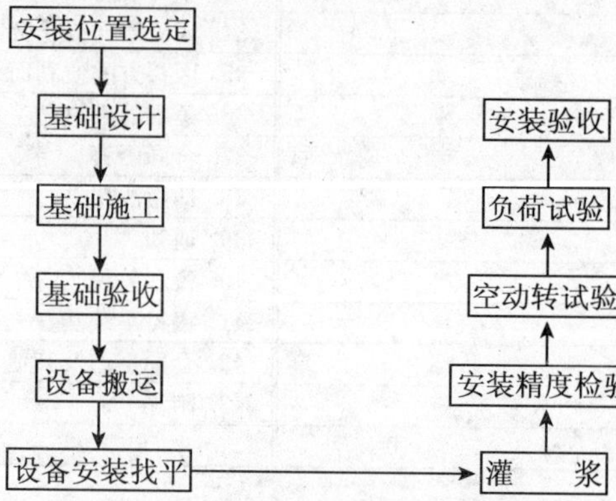

图 3—3 设备安装工艺流程

3. 设备安装与调整

(1)落实安装调试人员。确定负责人,配齐技术人员、操作人员、机械钳工、维修工、起重工、电工等。

(2)组织安装人员进行培训。由厂商指派的现场工程师进行现场培训,学习安装技术资料和有关的安全知识。

(3)安装用设备的准备。包括运输、起重设备及其他所需的设备、工具等。设备安装与调整主要内容有:地脚螺栓的安装,垫铁的安装,设备就位调整,地脚螺栓孔二次浇灌混凝土,设备安装检验等。

4. 设备试运转

(1)试运转的准备包括以下内容:

1)检查各紧固件是否紧固好,各润滑部位润滑油是否加到规定位置。

2)检查各运动部件是否轻松灵活,各操作手柄是否灵活、定位是否准确。

3)检查电气系统连接是否有效、准确。

4)检查安全装置、报警装置、制动和锁紧装置是否正确可靠。

(2)空运转试验。空运转应分部进行,即由部件到组件,再由组件到整机,最后由单机到全套设备。

1)启动后,由低速逐步增加到高速。检查各部轴承的温升及润滑情况、变速箱运转时的振动情况、发出的噪声等。

2)检查各系统的平稳性和可靠性,各系统应正常无异响。

3)检查各自动装置、联锁装置和联动装置是否有效正确、协调。

4)检查各种限位、换向、保险、自动报警等安全防护装置是否灵敏、可靠。

(3)设备的负荷试验可按设计负荷的25%、50%、75%、100%逐步进行,并按有关规范、标准检查轴承温升,检查各系统是否运转正常无异响。

(4)设备的精度应达到有关标准或合同规定的精度,并作好记录。

(七)进行技术试验

凡新购机械或经过大修、改装、改造、重新安装的机械,在投产使用前,必须进行检查、鉴定和试运转(统称技术试验),以测定机械的各项技术性能和工作性能。未经技术试验或虽经试验尚未取得合格签证前,不得投入使用。

1.技术试验的内容

(1)新购或自制机械必须有出厂合格证和使用说明书。

(2)大修或重新组装的机械必须有大修质量检验记录或重新组装检查记录。

(3)改装或改造的机械必须有改装或改造的技术文件、图纸和上级批准文件,以及改装改造后的质量检验记录。

2.技术试验的程序

技术试验程序分为:试验前检查、无负荷试验、额定负荷试验、超负荷试验。试验必须按顺序进行,在上一步试验未经确认合格前,不得进行下一步试验。

3.技术试验的要求

(1)试验后要对试验过程中发生的情况或问题,进行认真的分析和处理,以便作出是否合格和能否交付使用的决定。

(2)试验合格后,应按照“技术试验记录表”所列项目逐项填写,由参加试验人员共同签字,并经单位技术负责人审查签证。技术试验记录表一式两份,一份交使用单位,一份归存技术档案。

二、自制设备管理

1. 管理内容

(1)编制设计任务书,明确规定各项技术指标、费用概算、验收标准及完成日期。

(2)设计方案的审查,包括:设计计算书、设计图纸、质量要求和检验标准、主要零部件的加工工艺等技术文件。设计方案要组织生产工艺、设备和使用等有关部门从技术、经济两方面进行可行性研究。

(3)编制制造计划和费用预算表。

(4)主要部件的制作与鉴定。

(5)质量检查。

(6)验收移交(转入固定资产)。

(7)总结评价,技术资料归档。

2. 管理程序

自制设备的设计任务书由使用单位的技术部门提出,经生产准备部门审定后转设计单位设计。设计方案由设计单位提出,并与使用单位讨论,协商一致后双方在总图底图上签字。交图后,由使用单位向承制单位订货,制造进度由主管部门协调。

3. 设备质量鉴定与验收

自制设备管理最重要的环节是质量鉴定和验收工作,这项工作应依据设计任务书和图纸要求所规定的验收条件,由主管部门召集有关部门进行鉴定。鉴定合格后发给合格证,由制造单位和企业机械管理部门办理交接手续,并将完整的技术资料交机械管理部门验收归档。

自制设备在保用期内,设计制造单位应负责技术服务。由于设计错误、制造质量低劣或设备不配套而不能投产者,要追究经济责任。质量不稳定的设备不能转入固定资产。自制设备在使用初期要加强信息管理,机械管理部门要及时将使用效果的信息反馈给设计制造部门。

三、进口设备管理

1. 规划与选型

(1)企业在编制基建、技改进口设备项目时,由规划部门统一组织,工艺、设备专业技术人员参加,对进口设备作可行性论证。

(2)进口设备的选型要考虑技术先进性、可靠性、维修性、能源消耗、原材料消耗、环保要求、安全性、专用性、适应性、经济性、成套性、售后技术服务等方面内容。在可行性调查时都要有具体结论,在领导主持召开的决策会上通过之后,由会审的各部门会签向科技档案部门存档。

(3)企业必须选派有经验的工艺、设备技术人员参加考察。考察分专业展览会、国内有同类设备的单位以及国外生产厂家三种途径进行。考察结果应以专题报告形式会签向科技档案部门存档。

(4)申报

1)企业根据选定的机型,填写订货卡片,报有关进口主管单位。

2)进口主管单位要按订货卡片内容,向外商提出询价,外商报价后,进行比较,按经济效益程度,向主管领导提供选择依据。

(5)设备管理部门应委派了解生产工艺熟悉设备性能的管理与工程技术人员参加技术谈判。技术复杂的大型成套设备,设备、科技档案管理部门还要派人参加培训,参与监造和验收。

有关设备的技术谈判,达成的协议及写进合同的内容包括:

1)设备的生产能力,主要技术指标应有专门文件作为合同的附件。

2)对设备的主机、辅机的表面颜色、涂复层的要求,使用能源的要求(周波、电压、气压、水压、油压、水质、燃料等)。

3)提供润滑油脂的名称代号和主要参数,验收后的供应方式。

4)安装技术参数应包括基础图、固定方式、接地、隔离、周围空地要求、空间高度、接线类型、插座型式、采光方式、温湿度、防尘及工艺废水、废渣排放量等要求。

5)提供的技术资料包括:使用说明书、合格证、装箱单、维修资料(电控原理、安装图等)、结构图、传动系统图、气压液压原理图、元器件明细表与简要动作说明、部件装配图、关键备件加工图、易损件清单、各种管道系统图、故障分析逻辑、润滑图表、以及随机清单、易损件清单及备件图册资料与外购件明细表、外购件目录样本等。技术资料必须在到货前提供，具体日期由双方协商确定，以保障有翻译的时间，使设备进厂后能迅速安装。

6)明确技术指导方式、遣派人数、职责范围、费用及双方的义务。

7)明确操作、维修人员的培训方式、时间、人数、费用。

8)要根据不同运输方林(陆、海、空)决定相应的包装形式。

9)必须确定交货期限，及拖期索赔直接损失等事宜。

10)明确调试方式(卖方派员还是买方自行调试，大型成套设备要进行联动试车，试生产考核期。在国外进行试车，试件随机装箱)和调试后投产前的验收方式。

11)在规定索赔期间为设备考核期。在考核期设备或仪器的各种技术参数应达到保证指标，考核的时间和方式，可视实际要求双方协商确定，作为专门文件，附在合同上。

12)对运输残损、原装箱短少、考核项目未能达到保证指标的设备仪器，必须索赔。

(6)合同内容经双方谈判商定成文后即可签订合同。合同生效后，必须履行合同中的有关条文。

(7)进口大型成套设备，双方必须进行设计工作联络，设备管理部门必须参加，并对会议中涉及到的设备问题负一定责任。设计联络会议协议书，作为合同附件执行。

2. 接运与开箱检验

(1)企业应组织设备、科技档案、技术等有关部门成立专门接运验收小组。要熟悉合同内容、技术标准、设备档案、制订接运验收计划、检验方式，并按照计划定期检查计划实施进度，保证进口设备接运工作的安全、可靠及开箱检验工作的顺利进行。

(2)进口设备进厂后，工作小组(设备、科技档案、技术等部门)应根据工作计划，立即组织开箱检验工作。进口设备在开箱检验时应有卖方(或委托的代理人)、买方、商检、海关、保险公司等有关代表在场。开箱检验主要检查实物、技术资料与装箱单是否相符，设备配套是否齐全(包括附件、软件、专用工具、辅料、备品配件等)，设备外观有否残损、锈蚀、变形(必要时在现场拍照)，并请在场有关各方在进口设备开箱检验单会签。

发现有不符合合同规定、设备缺损、或质量问题，技术资料不齐全，应按下列原则处理：

1)有卖方代表在场时，应当场验明损坏内容，经卖方代表会签并确认赔偿，同时将详情书面报知商检机构。

2)有特殊情况，如双方意见不一致，或者合同规定由买方自行检查验收等，应及时请商检机构复验出证。

3)进口设备，没有科技档案部门人员在场，不得开箱验收。

4)进口设备未经开箱检验不得安装。

5)进口设备按合同规定不能拆验的项目或部位，以及卖方铅封的技术专利，不得拆验。

(3)进口设备的随机技术文件资料，应由厂科技档案部门派员参加开箱负责核对验收，经登记造册，然后办理借阅手续尽快组织翻译。翻译本一式三份由厂科技档案部门、设备主管部门及工作小组保存。

(4)进口设备的随机技术资料等，应按规定，由科技档案部门集中保管，负责借阅。进口设备开箱验收后，有关索赔、双方纠纷、设备安装调试、验收、生产过程中产生的工艺调整、质量等一系列的技术资料和文件，均由业务主管部门负责及时收集齐全，按规定整理，按时向科技档案部门移交归档。

3. 安装、调试与验收

(1)进口设备需在专家指导下,由专业安装队伍负责安装,也可在确有把握情况下,由出国实习技术人员负责组织专业安装小组实施。

进口设备安装应按照规定的技术要求,制订详细工程进度计划,分工组织实施。对设备基础、隐蔽工程、配套管线、吊装就位、调整找平、精度检测等各项工程质量应认真组织检验验收,逐项填写验收单存档。

(2)设备调试应经专门培训的技术人员按程序进行,首先检查设备实际的电压、气压、水压、油压是否与设备要求相符,润滑系统的工作状态是否正常并作好记录。如与设备技术要求不符时,应及时分析原因,排除故障,在故障未排除前,绝不允许开车。

(3)试车应在卖方或中方专门技术人员指导下进行,包括清洗、检查、调整、试运转、试生产等。试车分空载试车、负载试车和考核验收三个阶段。

1)空载试车,应严格按安全操作规程进行,确认无误后填写空载试车运转记录,参加试车人员应会签存档。

2)负载试车应从最轻负载开始,逐步升级,直至合同条款规定的技术指标为止,不允许进行超载试车。认真作好试车记录,并请有关部门会签后存档。所有高精度设备的产品加工精度检查,应由计量部门负责。精度检查及加工精度均应按"设备质量及精度检查记录单"规定的要求进行。

3)试生产合格后,即可对设备进行考核验收。

考核验收中,要对设备合同规定的设备性能、产品产量、质量、设备故障停机频率、停机原因、设备持续运转的稳定性作测试和记录,发现与规定不符的,应由卖方负责修理、调整直至更换设备。

4)设备试车中的正常调整工作及生产试验的工艺性调整,均由使用单位组织维修人员或操作者及时调整解决。

(4)保证期内,设备发生故障(非操作原因及人为造成),出国实习人员排除不了的问题,应向主管部门报告,经有关单位联系由卖方负责处理,卖方在保证期内不能及时排除故障时,应由买方和引进部门代表与卖方代表签署备忘录,以保证买方的利益。在保证期内不得对设备进行改造。

(5)在试运行、试生产正常、考核验收合格后,由买卖双方签署竣工验收合格证书,并经商检机构认可后,报请上级有关部门组织验收。在验收时,企业有关部门应向验收组提供有关进口设备的技术文件,包括设备技术档案、考核验收资料、费用决算等。设备验收投产后,及时纳入企业固定资产,由财务部门提取折旧。

4. 索赔

(1)索赔工作必须在索赔期内及保证期内进行。

(2)买卖双方的法人或法人代表要参加索赔谈判,并签署赔偿协议。进口设备专门工作小组应派专人参加开箱及考核验收的全部对外谈判,除了卖方代表在场可以协商办理一般换货补件和零星修理问题(应有详细记录,双方签署)外,均应申请商检机构复验出证和参加谈判。

(3)进口设备在运输中残损,型号、规格及新旧程度与合同不符,设备在调试期、考核期、保证期内,由于非操作原因造成的停机、设备损坏及产品的产量、质量和技术经济指标达不到合同要求的,均需索赔。

(4)企业进口的验残设备应由专门工作小组随时掌握口岸验残情况,并接受验残结果资料及赔偿。

(5)港口装卸、理货、国内运输等造成的设备残损属保险责任范围的,应及时向有关保险公司申请联合检验，并办理残损理赔手续。

(6)索赔金额应包括设备本身的损失和由此产生的直接损失及检验费用。

(7)对于因卖方责任而造成的设备严重质量问题，无法达到合同要求的，应向商检机构申报，由商检机构复核作出退换、停用或其他处理的决定。

(8)经确定换货、退货或索赔的设备，企业设备管理部门及工作小组视具体情况采取停机、封存措施在问题未得到妥善解决之前，设备不准动用。

第三节　机械设备的动态管理

一、机械的出入库管理

机械仓库要建立在交通方便、地势较高、易于排水的地方，仓库地面要坚实平坦；要有完善的防火安全措施和通风条件，并配备必要的起重设备。根据机械类型及存放保管的不同要求，建立露天仓库、棚式仓库及室内仓库等，各类仓库不宜距离过远，以便于管理。

1. 机械存放

机械存放时，要根据其构造、重量、体积、包装等情况，选择相应的仓库，对不宜日晒雨淋，而受风沙与温度变化影响较小的机械，如汽车、内燃机、空压机等和一些装箱的机电设备，可存放在棚式仓库。对受日晒雨淋和灰沙侵入易受损害、体积较小、搬运较方便的设备，如加工机床、小型机械、电气设备、工具、仪表以及机械的备品配件和橡胶制品、皮革制品等应储存在室内仓库。

2. 机械出入库

(1) 机械入库要凭机械管理部门的机械入库单(表 3—9)，核对机械型号、规格、名称等是否相符，认真清点随机附件、备品配件、工具及技术资料，经点收无误签认后将其中一联通知单退机械管理部门以示接收入库，并及时登记建立库存卡片。

(2)机械出库必须凭机械管理部门的机械出库单(表 3—10)办理出库手续。原随机附件、工具、备品配件及技术资料等要随机交给领用单位，并办理签证。

表 3—9　设备入库单

设备名称	单　位	数　量	编　号		备　注
			起始号码	终止号码	

交货人：　　　验收人：　　　入库日期：　　　年　　月　　日

表 3—10　设备出库单

设备名称	单　位	数　量	编　号		备　注
			起始号码	终止号码	

提货人：　　　库管员：

(3)仓库管理人员对库存机械应定期清点，年终盘点，对账核物，做到账物相符，并将盘点结果造表报送机械管理部门。

3. 库存机械保养

(1)清除机体上的尘土和水分。

(2)检查零件有无锈蚀现象，封存油是否变质，干燥剂是否失效，必要时进行更换。

(3)检查并排除漏水、漏油现象。

(4)有条件时使机械原地运转几分钟，并使工作装置动作，以清除相对运动零件配合表面的锈蚀，改善润滑状况和改变受压位置。

(5)电动机械根据情况进行通电检查。

(6)选择干燥天气进行保养，并打开库房门窗和机械的门窗进行通气。

二、机械设备封存管理

为了加强机械设备的维护管理，消除存放机械设备无人管理的现象，防止或减轻自然条件对机械的侵蚀损坏，保证封存机械处于完全良好的状态，特作如下规定：

(1)封存时间的规定。凡计划连续在三个月以上不用的完好的机械设备，都要进行封存、集中统一管理。

(2)封存机械设备的停放地点，原则上应选择地势平整、地质坚硬、排水性能良好和便于管理的地点。大型设备露天存放时，应做到上盖下垫。中小型机械放入停机棚或库房。

(3)机械技术状况必须完好，随时发动随时可以工作，并在封存前进行一次彻底的保养检查、损坏、待修的设备不能与完好的设备混在一起封存。

(4)机械封存的技术需求：

1)清除机械设备外部污垢并补漆；

2)各润滑部位加足润滑油；

3)向发动机气缸内加注机油，然后转动曲轴数圈，使机油均匀地涂在缸壁和活塞上；

4)放净机械内存水；

5)放净油箱内全部燃油；

6)所有未刷漆表面涂上黄油，再用不透水的纸贴盖；

7)轮胎式机械应将整机架高，使轮胎脱离地面，消除机械对轮胎及弹簧钢板的压力，并降低轮胎气压的20%～30%；

8)封闭驾驶室或操作室；

9)露天存放的机械用帆布盖好，尽量做到不受阳光的直接照射。

(5)封存期间的保养：

1)每旬一次的检查内容：

①检查设备的外部有无异常。

②检查精密工作面和活动关节的防护情况。

③检查被遮盖物品有无潮湿、霉烂和破损，必要时晾晒和缝补。

2)每日一次保养内容：

①检查全部密封点，必要时补封。

②对有内燃机的设备进行发动，运转5～10min，按封存机械的技术要求重新密封发动机。机械车辆封存时，应按当地的规定暂时交牌照。封存机械明细表见表3－11。

表 3—11　封存机械设备明细表

填报单位：　　　　　　　　　　　　　　　　　　　　　　　　　　年　　月　　日

序号	机械编号	机械名称	规格型号	技术状况封存时间	封存地点	备　注

单位主管：　　　　　　　　　机械部门：　　　　　　　　　制表：

三、闲置机械设备处理

机械设备进行部分总成拆换、改装等技术改造时，必须根据技术可靠，经济合理的原则，先做可行性研究，然后提出改造方案，由处主管领导批准，有计划、有领导地进行，不得乱拆、乱放。

根据国务院部委发布的《企业闲置设备调剂利用管理办法》和《建筑机械设备调剂管理办法》，企业必须做好闲置设备的处理工作。主要要求如下：

(1)企业闲置机械是指除了在用、备用、维修、改装等必须的机械外，其他连续停用 1 年以上不用或新购验收后 2 年以上不能投产的机械。

(2)企业对闲置机械必须妥善保管，防止丢失和损坏。

(3)企业处理闲置机械时，应建立审批程序和监督管理制度，并报上级机械管理部门备案。

(4)企业处理闲置机械的收益，应当用于机械更新和机械改造。专款专用，不准挪用。

(5)严禁把国家明文规定的淘汰、不许扩散和转让的机械，作为闲置机械进行处理。

四、机械设备报废管理

1. 申请报废的条件

机械设备凡具下列条件之一者，则可申请报废：

(1)机型老旧、性能低劣或属于淘汰机型，主要配件供应困难的。

(2)长期使用后，已达到或超过使用年限，各总成的基础件损坏严重者，危及安全的。

(3)长期使用后，虽未达到报废年限，但损坏严重，修理费用过高者。

(4)燃料消耗超过规定的 20%以上者。

(5)因意外事故使主要总成及零部件损坏，已无修复可能或修理费过高者。

(6)经大修后虽能恢复技术性能，但不如更新经济的。

(7)自制的非标准设备，经生产验证不能使用且无法改造的。

(8)国家或部门规定淘汰的设备。

2. 机械设备报废程序

(1)凡属固定资产的机械设备报废时，都要经过“三结合”小组进行技术鉴定，符合报废条件者方可报废。

(2) 凡经“三结合”小组鉴定要报废的机械设备，需填写“机械报废申请单”一式四份，见表 3—12。加盖本单位公章，并附有主要技术参数的说明，报总公司审批。

(3)申请报废的机械设备，待上报的“机械设备申请单”批复后方可消除固定资产台账。

(4)已经总公司批准报废的工程机械，可根据工程的需要根据机械状况的好坏，在保证安全生产的前提下留用，还可以进行整机处理，收回残值上交财务。

(5)已经总公司批准报废的车辆，原则上应将车上交到指定回收公司进行回收，注销牌照，暂时留用的车辆，必须根据车管部门的规定按期年审。

(6)报废留用的车辆、机械都应建立相应的台账，做到账物相符。

表 3－12　机械设备报废申请单

填报单位：　　　　　　　　　　　　　　　　　　　　　　　　　　年　　月　　日

管理编号		机械名称		规　格	
厂　牌		发动机号		底盘号	
出厂年月		规定使用年限		已使用年限	
机械原值		已提折旧		机械残值	
报废净值		停放地点		报废审批仅限	
设备现状及报废原因					
三结合小组及领导鉴定意见	审批签章				
总公司审批意见	审批签章				
部审批意见	审批签章				
备　注					

机械设备报废程序具体如图 3－4 所示。

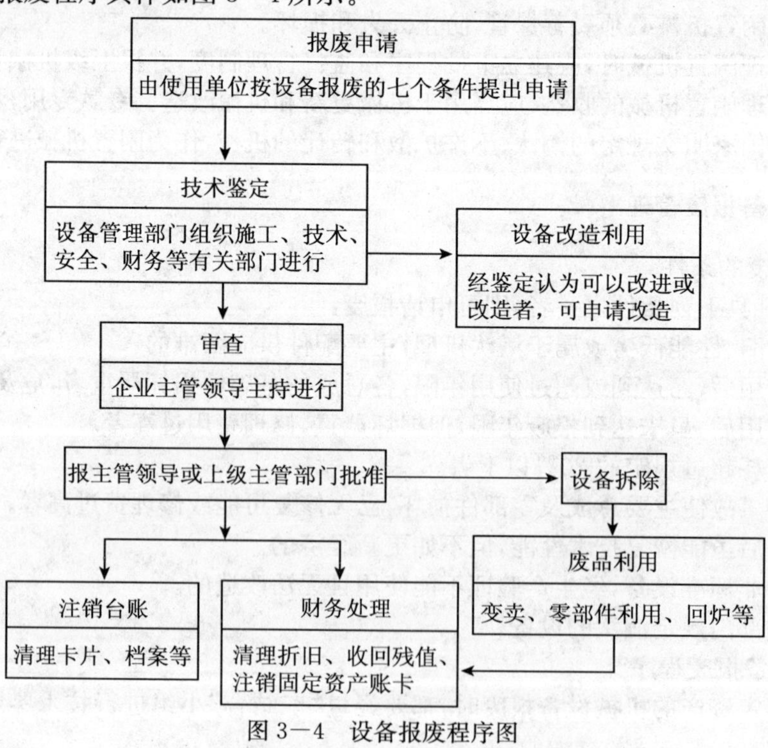

图 3－4　设备报废程序图

第四节　机械设备的考评

一、机械设备评估的意义

随着我国加入“WTO”，国内市场经济的不断完善，机械设备资源的市场化与建筑施工企业“项目法施工”体制的形成，对于机械设备的经济管理已经从“单机单车的成本核算”发展到“机械设备的资产评估”。

机械设备的资产评估主要应用在机械设备资产的重组、租赁与让售，尤其是在项目工程完工时对其资产的评估和集团公司对子(分)公司的定期资产评估。其评估结果不仅仅是对项目经理或公司经理层对其资产保值增值的评价，更是评价项目部或公司机械设备管理部门的机械设备管理效果的重要指标。

资产评估中所说的机械设备，是指构成企业固定资产的机械、设备、仪器、工具、器具等。资产评估是一项动态化、市场化的社会活动，它是市场经济条件下客观存在的经济范畴。在我国，随着社会主义市场经济体制的确立和发展，资产评估作为社会性和公正性活动，在产权转让、企业重组、资产流动等方面发挥了重要作用。

二、机械设备评估的程序

机械设备评估作为一个重要的专业评估领域，情况复杂，作业量大，在进行评估时，应该分步骤、分阶段实施。

1. 收集整理有关资料和数据，划分机械设备的类别

(1)反映待评设备的有关资料。包括资产的原值、折旧、净值、预计使用年限、已使用年限、设备的规格型号、完好率、利用率等。

(2)证明待评估资产所有权和使用权的资料。如国有资产产权登记证明文件，如有变动，应查阅产权转移证明等。

(3)价格资料。包括待评估资产的现行市价，可比资产或参照物的现行价格资料，国家公布有关物价指数，评估人员自己收集整理的物价指数等。

(4)资产实存数量的资料。通过清查盘点及审核资产明细账和卡片来核定资产实存的数量。

2. 设计评估方案

评估方案设计是对评估项目的实施进行周密计划，有序安排的过程，包括下列内容：

(1)委托方提供的资产账表清册，确定被评估机械设备的类别。

(2)确定分组与进度，机械设备评估可以粗分为通用设备组和专用设备组，也可按动力、传导、机械、仪器仪表、运输等机械设备类别细分，同时要预计各项评估业务的工时，组织好平行作业、交叉作业，确定作业进度。

(3)根据不同的评估特定目的，确定评估方法和计价标准。

(4)设计印制好评估所需的各类表格。

3. 清查核实资产数量，进行技术鉴定

评估机构对被评估单位申报的机械设备清单，应组织有关评估人员进行清查核实，是否账物相符，有无遗漏或产权界线不明确的资产。清查的方法可根据被评估单位的管理状况以及资产的数量，采取全面清查、重点清查、抽样检查等不同方式，由工程技术人员对机械设备的技术性能、结构状况、运行维护、负荷状况和完好程度进行鉴定，结合功能性损耗、经济性损耗等

因素，据以作出技术鉴定。

4. 确定评估价格标准和方法

做好上述基础工作后，应根据评估的目的确定评估价格标准，然后根据评估价格标准和评估对象的具体情况，科学地选用评估计算方法。一般来说，以变卖单项机械设备为目的的评估，采用现行市价标准与方法；以结业清理、破产清理为目的的评估，采用清算价格标准与方法；将机械设备入股、投资，以确定获利能力为目的的评估，采用收益现值标准与方法；在一般情况下，企业中运用最多的还是采用重置成本标准与方法。

5. 填制评估表，计算评估值

为使评估工作规范化，提高工作效率，科学地反映评估结果，需要设计一套评估表格。它的设计一是考虑评估工作的要求，为搜集整理数据提供明细的纲目；二是要与评估流程相适应，便于评估的衔接与过度；三是考虑评估报告的要求。一般可分为设备评估作业分析表(表3—13)、设备评估技术勘察表(表3—14)、评估分类汇总表(表3—15)。

(1)设备评估作业分析表是机械设备评估的基础表，适应机械设备单台评估为主的特点。作业分析表一方面要填写待评估设备的基础资料，另一方面要反映评估分析的方法、依据和结论。同时也是进行评估分析的方法、依据和结论。作业分析是进行评估质量检验和评估结果确认的基本对象。要求由资产占有方设备管理人员和评估人员共同完成，设备管理人员认真准确填写设备的名称、规格型号、运转、安装、大修情况，通过市场询价，计算重置完全成本。通过评估技术勘察表确定成新率，从而最好终确定评估值。

(2)设备评估技术勘察表是用来确定设备成新率的，要注意修正系数一栏。“设备利用率”要说明很高、高、正常、低、很低五等，正常修正系数为0，高为－1%，低为＋1%，很高为－2%，很低为＋2%，其余栏目也按类似标准分五等。

(3)设备评估汇总表是分类综合反映资产评估的结果。分类办法根据委托方的要求和评估目的而定。基本格式见表3—15。

根据确定的评估方法和经过验证的资料数据，按评估对象逐一完成评估分析表和设备资产评估技术勘察表，确定成新率，计算评估值，再编写机械设备评估汇总表。

表3—13　设备评估作业分析表

资产占有单位：　　　　　　　　　　　　　　　　　　　　　　　　评估基准日

<table>
<tr><td rowspan="6">委托方填报</td><td>设备名称</td><td></td><td>规格型号</td><td></td><td>购置日期</td><td></td></tr>
<tr><td>制造厂或国别</td><td></td><td>账面原值</td><td></td><td>启用时间</td><td></td></tr>
<tr><td>供货单位</td><td></td><td>账面净值</td><td></td><td>已使用年限</td><td></td></tr>
<tr><td>运转情况</td><td></td><td>大修情况</td><td></td><td>外观情况</td><td></td></tr>
<tr><td>重大技术改造</td><td colspan="5"></td></tr>
<tr><td>安装情况</td><td colspan="5"></td></tr>
<tr><td rowspan="4">技术勘察及成新率确定</td><td>主要技术参数</td><td colspan="5"></td></tr>
<tr><td>同类设备技术发展</td><td colspan="5"></td></tr>
<tr><td>异常情况</td><td colspan="5"></td></tr>
<tr><td>成新率</td><td></td><td>勘察人</td><td></td><td>勘察日期</td><td></td></tr>
<tr><td rowspan="2">取价依据</td><td>主要取价渠道及取价值</td><td colspan="5"></td></tr>
<tr><td>价格调整因素及比例</td><td colspan="5"></td></tr>
</table>

续上表

	重置成本		评估价值		评估人及日期	
评估结论				设备评估技术勘察表		
	签字：					

表 3－14 资产评估技术勘察表

资产占有单位： 设备编号：

设备名称		规格型号		行驶证号		
主要用途		购置日期		启用日期		
所用能源		勘察日期		勘察地点		
生产能力及主要技术参数						
生产班次						
维修情况	是否专设维修部门及人员	是		否		
	是否按要求定期保养	是		否		
	是否按期进行大修及中修理	是		否		
	大修周期					
操作情况	操作人员技术等级					
	设备有无重大故障经历					
利用情况	设备实际所处状态	在用：	闲置：	封存：		
	设备利用率	高：	正常：	低：		
	设备运行负荷	重：	正常：	轻：		
设计使用年限(或工作量)			已使用年限(或工作量)			
基础成新率＝(设计使用年限－已使用年限)/设计使用年限×100％						
修正系数(勘察判断,文字说明,确定系数,不超过±5％)	设备利用率					
	设备负荷					
	设备制造质量					
	维护保养					
	大修及技术改造					
	工作环境					
综合成新率＝基础成新率＋修正系数						

项目负责人： 技术勘察人： 设备管理人：

表 3－15　机械设备评估汇总表

资产占有单位：　　　　　　　　　　　　　　　　　　　　　　评估蕨时间　年　月　日

序号	资产类别	计量单位	数量	账面价值		评估结果			与净值差异	
				原值	净值	重估总价	重估净价	重估成新率	额	率(%)

评估单位名称：　　　　负责人：　　　　评估人：　　　　评估时间：

三、机械设备评比

1. 开展红旗设备评比

开展红旗设备评比，有利于广大机驾人员参与设备管理工作，达到机驾人员对设备精心爱护、认真保养、正规操作，提高机械完好率、利用率，延长机械寿命的目的。

(1)公司成立红旗设备评比领导小组。

(2)项目经理部成立红旗设备评比检查小组，每月对本单位的机械设备进行检查(见表3－16)，按照检查记录逐项登记评分(见表3－17)。半年汇总评比，评出红旗设备，也可采取月查季评奖办法，并报公司备案。

表 3－16　红旗设备评定检查表

单位：　　　　　　　　　　　　　　　　　　　　检查日期：　年　月　日

<table>
<tr><td>机械名称</td><td></td><td>管理编号</td><td></td><td>驾驶员</td><td></td></tr>
<tr><td>项目</td><td colspan="3">质量标准</td><td>满分</td><td>实际评分</td></tr>
<tr><td rowspan="2">完成任务情况</td><td colspan="3">优质、高产——服务态度好，完成任务好</td><td>5</td><td></td></tr>
<tr><td colspan="3">安全、低耗——无事故、超速、超载；低油耗</td><td>5</td><td></td></tr>
<tr><td rowspan="5">保养情况</td><td colspan="3">清洁——无陈旧油泥，“四滤”清洁，电瓶清洁，外观整洁</td><td>10</td><td></td></tr>
<tr><td colspan="3">润滑——各部位油品、质量、数量符合规定</td><td>10</td><td></td></tr>
<tr><td colspan="3">坚固——各处螺栓无松动现象</td><td>10</td><td></td></tr>
<tr><td colspan="3">调整——按规定属于操作人员应调整的间隙、安全装置</td><td>10</td><td></td></tr>
<tr><td colspan="3">防腐——防潮、防水、防酸、防锈蚀</td><td>5</td><td></td></tr>
<tr><td rowspan="2">工具附件情况</td><td colspan="3">零部件、附件齐全</td><td>5</td><td></td></tr>
<tr><td colspan="3">工具齐全、清洁</td><td>5</td><td></td></tr>
<tr><td>机械运转记录</td><td colspan="3">及时、准确、齐全、整洁</td><td>15</td><td></td></tr>
<tr><td rowspan="4">机械技术状况</td><td colspan="3">容易启动</td><td>5</td><td></td></tr>
<tr><td colspan="3">运转正常、无异响</td><td>5</td><td></td></tr>
<tr><td colspan="3">安全可靠、无滴、漏、跑</td><td>5</td><td></td></tr>
<tr><td colspan="3">无失保、失修</td><td>5</td><td></td></tr>
<tr><td>检查结论</td><td colspan="3"></td><td>总得分</td><td></td></tr>
</table>

检查组长：

表 3－17　红旗机车评定表

项目　　　　　　　　　　　　年　　月　　日　　　　　　　　　　年　　半年

项目	管理编号	机械名称	规格型号	类别	操作人员	评比分	奖励(元)	备注

项目经理：　　　　　　　　　　机械主管：　　　　　　　　　　评比组长：

(3)评比红旗设备时，必须高标准、严要求，使评出的红旗设备过硬，经得起检查。公司对项目经理部红旗设备评比情况要作定期检查，审查评出的红旗设备是否符合标准。

(4)红旗设备的标准：

1)完成任务好。做到优质、高产、安全、低耗。

2)技术状况好。设备工作能力达到规定的要求。

3)维护保养好。清洁、润滑、紧固、调整、防腐做得及时。

4)附件、工具管理好。机械附属装置、随机工具完整齐全。

5)记录填写好，运转记录及时、准确、齐全、整洁。

(5)红旗设备奖励办法

1)凡被评上红旗设备者，在评定月度奖金时，应作为一个主要评奖条件，或对红旗设备操作者进行额外奖励。

2)凡被评上红旗设备的机驾人员应定期公布其名单或在会上予以表扬。

2. 机械设备检查考核评比的内容与参考指标

项目经理部每季检查一次，工程处每半年检查一次，检查工作必须持之以恒，才能见效，但次数不宜过多，次数过多容易流于形式和影响施工。

(1)根据机械技术状况，机械设备检查评比的内容分为四类：

1)“完好”。凡机容整洁，设备齐全，运转正常，安全可靠，达到不漏油、不漏水、不漏电、不漏气的“四不漏”水平。

2)“基本完好”。虽达不到一类水平，但基本上运转正常，个别部位虽带病运转，但不影响使用和安全。

3)“待修”。已到修理周期或已严重损坏不能运转，而停用者为待修。

4)“待报废”。机械耗能高于规定或损坏严重，机件残缺不全，已无修复价值，并合乎报废条件者为“待报废”。

(2)机械设备检查考核指标见表 3－18。

表 3－18　机械设备检查考核指标

序号	项　目	各项主要技术经济技术	备　注
1	机械管理规章制度		既有上级颁发的规章制度，又有本单位的实施细则
2	企业内部 1000 分标准得分	900	
3	机械完好率	92	
4	机械利用率	45	
5	机械设备大修计划完成率(%)	95	考核前两年的
6	机械设备保修计划完成率(%)	95	考核前两年的
7	红旗设备率(%)	25	
8	机械新度系数	0.6	
9	机械事故率(%)	<6	
10	机械燃油约率(%)	2	

3. 机械设备检查考核评比方法

(1)检查机械设备时，采用听、看、查、问、试五种形式，以达到了解情况的目的。

(2)检查每台机械时，对照标准进行衡量。如不够标准，则按规定扣分记入表内。

(3)查管理工作时，除了检查实际情况外，还要查阅各种任务单等原始记录和统计资料是否完整、准确，全面了解各种制度的落实情况。

(4)在检查中发现一般常见性问题，当场提出要求改正，较为严重的问题，填写“机械检查整改通知单”(见表 3－19)，通知管理单位限期改正，并将改进情况向检查单位作出书面报告。

(5)检查结束时，将“机械检查统计表”(见表 3－20)进行整理，分别存入技术档案内，作为使用和维修的参考。

(6)检查结束后，应作出书面总结，向所属单位通报检查情况，以促进管理水平的提高。

表 3－19　机械检查整改通知单

第　号　　　　　　　　　　　　　　　　　　年　月　日

管理单位		机械编号		机械名称	
驾驶员姓名	操作证号	规　格			
主要问题：					
检查组处理意见： 负责人：　　检查人：					
管理单位整改情况： 机务部门：　　经办：					

表 3—20　机械检查统计表

年　月　日

序　号	机　号	机　名	规格型号	技术简况	划分类别	备　注

检查组长(签字:)　　检查组(签字):

4. 机械设备检查的奖罚评比办法

(1)评定单位综合分数时,按照"机械设备检查考核评比标准"(见表 3—21),作为该次检查的结果。

表 3—21　机械设备检查考核评比标准

项目	序号	检查内容	标准分	检查办法	评分标准
组织机构140分	1	机械管理机构健全,并配备有一定数量的机械管理人员	50	查机械管理机构图,查各级负责人任命文件	机构不健全,缺一个单位扣 10 分,无负责人扣 5 分
	2	领导重视机械管理工作,分工主管领导能经常了解每个时期机关工作的重点,及时帮助解决工作中存在的问题	40	听取机械主管领导汇报,接受检查组提问	按该单位最终得分结果,按比例打分。600～700 分之间,按 10～15 分打分;700～800 分之间;按 16～25 分打分;800～900 分之间;按 26～34 分打分;900～950 分之间按 36～40 分打分。600 分以下不得分
	3	机械管理部门和机械管理人员有明确的职责分工和岗位责任制	30	查职责分工和岗位责任制是否齐全	无职责分工扣 10～15 分;缺一种岗位责任制扣 5 分
	4	机构管理人员业务知识	20	按试题内容抽试机管人员的 1/3	一人不合格扣 3 分
资产管理120分	5	机械设备账、卡、物三对口	40	抽查 10 台,以账对物对卡	一台不全扣 3 分,账、卡内容中主要项目填写不全或不准确
	6	固定资产从验收至报废都办理及时,手续完备	40	抽查验收、更新、报废等各项原始凭证	一项不全扣 3 分,每项凭证的填写应项目齐全,数字正确,字迹不得涂改,一项不全扣 2 分
	7	统计报表内容完整、数字准确,上报及时。组织开展计算机应用工作	40	查报表的质量及上级主管部门的时间	报表质量中每发现一处有误或应填写而未填写项目扣 5 分;月报上报不及时扣 10 分
使用管理480分	8	完好率达到规定的指标值,抽查完好设备质量	50	查完好率指标的落实情况,并抽查 5%～10%红旗设备及单机检测点	完好率达不到要求扣 10～15 分,与指标相比每低 10%增扣 10 分;抽查中发现 1 台完好设备不合格扣 5 分
	9	利用率指标达到规定指标值	30	查利用率指标落实情况	利用率达不到要求扣 10～15 分
	10	红旗设备率达到指标,抽查红旗设备质量红旗设备评比记录	100	查红旗设备率的落实情况,并抽查 5%～10%红旗设备及单机检测点	红旗设备低于规定的指标扣 20 分,抽查一台红旗设备不合格扣 10 分

续上表

项目	序号	检查内容	标准分	检查办法	评分标准
使用管理480分	11	年机械事故率低于6‰，无重大机械事故	60	查机械事故记录和统计报表	机械事故率高于6‰扣20分，一次重大事故扣30分。如有发生机械事故隐瞒未报被发现者，本项分全扣
	12	操作证核发情况，在岗操作人员技术培训情况	30	操作证随机携带，以备检查，抽查驾驶人员的操作技术情况	凡应该领取操作证的驾驶人员全部领齐，准驾机种与审验手续完备，发现一人未领扣5分。培训考核率达100%，低于100%扣5分，低于80%扣20分
	13	大型机械设备“三定”制定的落实情况，执行机长负责制	30	查大型机械委托书和人机配备名单	一台“三定”未落实扣5分，一台机长未落实扣5分
	14	主要机械设备技术档案完整、齐全、准确。档案资料管理正常	50	抽查10台单机技术档案三保以上原始记录随档案抽查	一台未建档案扣10分，档案中运转记录、保修记录等有一项不全或不准扣2分，其他资料亦应收集齐全
	15	机械履历书填写情况	50	查机械履历书的各项内容是否记载齐全准确	一台应建未建履历书的扣10分，内容记载一项不全扣2分，履历书保管不善的撕页缺页者扣3分
	16	操作规程齐全，不违章作业	25	半固定设备操作规程设在明显处；不固定设备采取口头提出	一种设备无操作规程扣10分，应设在明显处而未设者扣5分，发现一项违章作业者扣20分
	17	驾驶、操作人员应知常识抽验	25	口头提问与实际相结合	一人不合格扣5分
	18	油料使用管理情况	30	油料管理及原始资料建立情况	油料管理不善该过滤未过滤者扣10分；耗油应进行核算而未进行核算者扣10分；润滑、液压油未及时增补或更换者扣10分
保养修理160分	19	保修机构健全，配备检验员	20	拥有10台以上机械应设保修机构	保修机构未设扣10分，检验员未设扣5分
	20	月度保修计划齐全、准确、查修理返修记录	60	查保修间隔执行情况，查月保修计划及完成率	失修失保超过10%以上扣20分，缺一个月计划完成报表扣20分，保修完成率低于60%扣10分，有返修但未记返修一台扣10分
	21	保修“双化”执行情况	20	按规定要求落实	以实际使用项目为准，10～15台的单位为4项，缺一项3分；15～70台的单位为8项，缺一项扣2分；70台以上单位为15项，缺一项扣1分
	22	检查手段完备，检测器具配备清单和计划齐全	30	查检测设备和性能	检测手段不完备扣10～15分，无检测设备全靠目测、耳听等原始办法扣10～15分
	23	三保以上保修记录齐全、准确	30	要求记入技术档案并查填写质量	缺一台原始记录扣10分，一台记录不全扣5分，一处不准确扣1分

续上表

项目	序号	检查内容	标准分	检查办法	评分标准
文明生产100分	24	文明车场： (1)场地平整坚实。 (2)无积水、道路畅通。 (3)场内设有停车标志。 (4)按机种分类排列。 (5)机车停放一条线。 (6)有排水设备。 (7)机车外貌整洁。 (8)有简易的围墙。 (9)场内灭火器材齐全。 (10)场内设有必要的照明。 (11)场内环境卫生好	40	逐项检查	一项不合格扣2分
	25	文明车间： (1)清洁。 (2)三不落地。 (3)工具摆放整齐。 (4)附件、材料存放整齐。 (5)消防设施齐全。 (6)不漏雨。	30	查一个保修车间或加工车间	一项不合格扣5分
	26	文明施工现场： (1)清洁。 (2)排水好。 (3)怕潮湿的机械设备有防雨设施。 (4)作业区无障碍物。 (5)机容好。 (6)机械施工生产符合安全规定要求	30	查一个施工现场	一项不合格扣5分

(2)每台机械的评分，填写“机械设备检查登记表”(表3—22)，作为该次检查的结果和机械划类的依据。

(3)成绩的划分。

单位：

950分　优秀

800～949分　良好

601～799分　差

600分以下　不合格

机组(个人)：

90～100分　优秀

80～89分　良好

61～79分　差

60分以下　不及格

(4)凡被评为设备管理优秀单位的，主管机械领导及技术干部均应予奖励，奖金额根据情况酌情评定。被评为优秀驾驶员亦按当时的情况酌情评定。

(5)凡在检查中不合格的单位，限期在三个月之内改进。如在限期内仍无改进，取消其单位的荣誉称号，不合格的机组或个人，取消其个人的荣誉称号。

(6)凡被评为“不合格”单位的主管领导、技术干部，均根据情况给予处罚。

(7)奖罚均于检查结束时在现场评定。

表 3—22 机械设备检查登记表

管理单位： 总分数： 检查日期：

<table>
<tr><td>机械编号</td><td></td><td>机械名称</td><td></td><td>规格型号</td><td></td></tr>
<tr><td>驾驶员</td><td></td><td colspan="2">有无操作证及证号</td><td colspan="2"></td></tr>
<tr><td colspan="2">查次检查技术分类</td><td></td><td colspan="2">上次大修后实际运转工时</td><td></td></tr>
<tr><td colspan="2">机械部位</td><td colspan="4"></td></tr>
<tr><td colspan="2">发动机</td><td colspan="4"></td></tr>
<tr><td colspan="2">传动机构</td><td colspan="4"></td></tr>
<tr><td colspan="2">行走机构</td><td colspan="4"></td></tr>
<tr><td colspan="2">工作装置</td><td colspan="4"></td></tr>
<tr><td colspan="6">机械技术状况检查</td></tr>
<tr><td colspan="2">检查标准</td><td colspan="2">检查内容和评分</td><td>检查方法</td><td>扣分情况</td></tr>
<tr><td colspan="2">技术状况好，工作能力达到规定要求(20 分)</td><td colspan="2">(1)发动机有异响或严重烧机油冒烟机油质量超过规定标准要求者扣 3 分。
(2)底盘及工作装置有严重裂纹或严重松旷现象者扣 3～5 分(指未报修者)。
(3)水箱漏水、电系漏电各扣 3 分。
(4)机油管接头漏油扣 1～2 分。
(5)液压油各部主要管路漏油扣 5 分</td><td></td><td></td></tr>
<tr><td colspan="2">优质高产安全低耗(20 分)</td><td colspan="2">(1)每发生一次小的机械事故扣 2 分；发生一次大的机械事故本项分全扣。
(2)燃料按定额不超耗。超耗 5%～15%扣 3～5 分。拿不出原始资料扣 10 分</td><td></td><td></td></tr>
<tr><td colspan="2">清洁润滑坚固、防腐好(40 分)</td><td colspan="2">(1)发动机、机身、底盘、传动机构应清洁无陈旧油泥，如有老油泥者每处扣 2 分。
(2)发动机三滤有一项不清洁扣 3 分。
(3)油底机油黏度差或变质者扣 3 分。
(4)油底机油有水，亦未及时报修者扣 5 分。
(5)大小空滤器，以中间油平面槽为准，油过多或过少者扣 2 分，无油者扣 3 分(干式应该常用气吹通)，堵塞扣 3 分，有水者扣 1～2 分。曲轴箱通气孔不清洁扣 1～2 分。
(6)减速箱以油堵为准，不足扣 2 分。
(7)明齿轮油嘴，扣 2～5 分。
(8)各润滑点缺油嘴者，每缺一个扣 1 分，油嘴内无油者扣 1 分。
(9)各处连接螺丝每松动一处，每条扣 1～2 分。
(10)风扇皮带失调每边扣 2 分。
(11)履带式机械履带失调扣 2 分。
(12)轮胎式机械轮胎气压不足或轮胎损坏失修，每只扣 2 分。
(13)起重机械的安装、检验、使用、维修等都按安全管理规定进行，有一个程序未按规定办扣 5～10 分。
(14)各操作杆失调每个扣 1 分。
(15)电瓶液面应高出极板 10～15mm，低于极板每格扣 1 分，气孔不通每个扣 1 分，不清洁者扣 1 分。
(16)安全装置齐全有效，方向、制动灵敏可靠，不全者扣 2 分，失调者扣 2 分，制动失灵者扣 5 分。
(17)附属装置锈蚀较严重者扣 5 分，轻者扣 2 分。
(18)灯光不亮每个扣 0.5 分。
(19)喇叭不响，雨刷不动者每项扣 1 分</td><td></td><td></td></tr>
</table>

续上表

检查标准	检查内容和评分	检查方法	扣分情况
零部件工具完整齐全(10分)	(1)零部件、附属装置不全者扣2～3分。 (2)工具、附件不清洁者扣2分，锈蚀者扣2分，每丢失一件扣3分		
原始记录齐全、准确、及时(10分)	(1)机械使用记录未填写者扣5分。填写不及时者、项目不全与填写潦草者，每项扣2分。 (2)无履历书扣4分，有履历书不填者扣3分。 (3)履历书的项目填写不全者扣2分。 (4)履历书不清洁并有撕毁缺页现象者扣3分		

第四章　机械设备使用与检修管理

机械设备的正确使用与检修是机械管理的主要环节之一。正确使用和检修机械设备，可以防止发生非正常磨损和避免突发性故障，延缓劣化过程，延长机械的使用寿命。

第一节　机械设备的选用管理

一、合理选用机械设备

(1)综合评分法

当有多台同类机械设备可供选择时，可以考虑机械的技术特点，通过对某种特性分级打分的方法比较其优劣。如表4－1中所列甲、乙、丙3台机械，在用综合评分法评比后，选择最高得分者(甲机)用于施工。

表4－1　综合评分法

序号	特　性	等级	标准分	甲	乙	丙
1	工作效率	A/B/C	10	10	10	8
2	工作质量	A/B/C	10	8	8	8
3	使用费和维修费	A/B/C	10	8	10	6
4	能源耗费量	A/B/C	8	6	6	6
5	占用人员	A/B/C	8	6	4	4
6	安全性	A/B/C	10	8	6	6
7	完好性	A/B/C	10	8	6	6
8	维修难易	A/B/C	8	4	6	6
9	安、拆方便性	A/B/C	10	8	6	4
10	对气候适应性	A/B/C	10	8	4	4
11	对环境影响	A/B/C	6	4	4	4
总计分数			100	78	70	62

(2)单位工程量成本比较法

机械设备使用的成本费用分为可变费用和固定费用。可变费用又称操作费，随着机械的工作时间变化，如操作人员工资、燃料动力费、小修理费、直接材料费等；固定费用是按一定的施工期限分摊的费用，如折旧费、大修理费、机械管理费、投资应付利息、固定资产占用费等。租入机械的固定费用是应按期交纳的租金。有多台机性可供选用时，优先选择单位工程量成本费用较低的机械。单位工程量成本的计算公式是：

$$C=(R+PX)/QX$$

式中　C——单位工程量成本；

R——一定期间固定费用；

P——单位时间变动费用；

Q——单位作业时间产量；

X——实际作业时间(机械使用时间)。

(3)界限时间比较法

界限时间(X_0)是指两台机械设备的单位工程量成本相同时的时间，由单为工程量成本比较法的计算公式可知单位工程量成本 C 是机械作业时间 X 的函数，当 A、B 两台机械的单位工程量成本相同，即 $C_A=C_B$ 时，则：

界限时间 $X_0=(R_bQ_a-R_{ab})/(P_aQ_b-P_bQ_a)$

当 A、B 两机单位作业时间产量相同，即 $Q_a=Q_b$ 时，则：

$X_0=(R_b-R_a)/(P_a-P_b)$

由图 4－1(a)可以看出，当 $Q_a=Q_b$ 时，应按总费用多少选择机械。由于项目已定，两台机械需要的使用时间 X 是相同的。

即需要使用时间 X＝应完成工程量/单位时间产量＝$X_a=X_b$

当 $X<X_0$ 时，选择 B 机械；$X>X_0$ 时，选择 A 机械。

由图 4－1(b)可以看出，当 $Q_a\neq Q_b$ 时，两台机械的需要使用时间不同，$X_a\neq X_b$。在二者都能满足项目施工进度要求的条件下，需要使用时间 X 应根据单位工程量成本低来，选择机械。当 $X<X_0$ 时选择 B 机械，$X>X_0$ 时选择 A 机械。

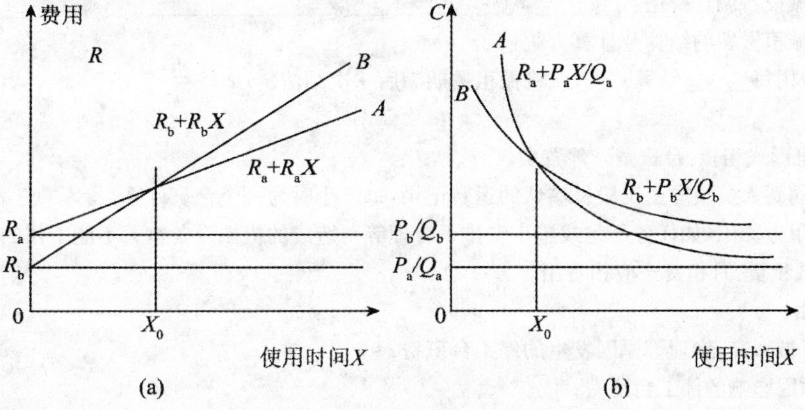

图 4－1 界限时间比较法

二、签订机械设备租赁合同

施工机械的内部租赁，是在有偿使用的原则下，由施工企业所属机械经营单位和施工单位之间所发生的机械租赁。机械经营单位为出租方承担提供机械、保证施工生产需要的职责，并按企业规定的租赁办法签订租赁合同，收取租赁费。

租赁合同是出租方和承租方为租赁活动而缔结的具有法律性质的经济契约，用以明确租赁双方的经济责任。承租方根据施工生产计划，按时签订机械租赁合同，出租方按合同要求如期向承租方提供符合要求的机械，保证施工需要。根据机械的不同情况，采取相应的合同形式：

(1)能计算实物工程量的大型机械，可按施工任务签订实物工程量承包合同。

(2)一般机械按单位工程工期签订周期租赁合同。

(3)长期固定在班组的机械(如钢筋、焊接设备等)，签订年度一次性租赁合同。

(4)临时租用的小型设备(如打夯机、水泵等)可简化租赁手续,以出入库单计算使用台班,作为结算依据。

(5)对外出租的机械,按租用期与承租方签订一次性合同。

机械租赁合同

合同号______

承租方(以下简称甲方)________________________________

出租方(以下简称乙方)________________________________

因甲方工程需要,根据《中华人民共和国合同法》及有关规定,为明确出租方和承租方的权利义务关系,经双方协商一致同意签订本合同。

甲、乙双方应严格遵守和执行本租赁合同条款。

第一条:租赁机械名称,规格型号,数量,租赁形式及单价:

机械名称	规格型号	台数	租赁起讫日期	租赁形式	租赁单价	停置台班单价	随机人员	备注

第二条:租赁用途:__________工程施工。

第三条:机械的维修保养:机械在租赁期间的日常维修及较大故障排除等,均由乙方随机人员或乙方派人到现场修理,其费用均由乙方承担。甲方应积极协助。

第四条:机械设备调迁费用:________________________________

第五条:机械租赁费的结算及计算方法:

机械租赁费用每______结算一次,或机械租赁期满后一次结清。

计算方法:

1. 单机台班形式租赁:台班费+停置费。

台班费:按司驾人员填写由工段长签认的运转记录,每8小时为一个台班计算。

停置费:因甲方原因(如任务不足或施工安排不合理等),造成的机械设备整天不能工作的停工日。

2. 月租形式租赁:月租费-应扣费用。

3. 应扣费用:

1)因乙方机械保养、修理等原因发生的停工台班费;

2)因气候原因影响的停工台班费;

3)因乙方其他原因影响的停工台班费;

4)甲方垫付的机械维修、材料及工时等费用。

第六条:双方权利和义务:

1. 甲方的权利和义务:

1)在乙方不配司驾人员的情况下,设备使用前(或运输前)甲方要对乙方设备的技术性能等方面进行验收并逐项登记,并经双方签字认可。

2)在乙方不配司驾人员的情况下,甲方对租用的设备有管理和爱护的责任,保证设备安全、正常使用,发生丢失和损坏,要负责赔偿。

3)甲方要按合同约定的期限交付租金。

4)甲方没有得到乙方同意,不得将租用设备转让第三方使用。

5)设备租用期间,因使用或技术状况差等原因,需进行大中修,或受到不可抗拒的自然灾害时,甲方要及时通知乙方修理或转移,期间所需费用由乙方承担。

不可预见的自然灾害所造成的经济损失由甲方自负。

6)租赁期满后,甲方应及时返还租赁机械。

2. 乙方的权利和义务：

1)乙方应按合同及时将机械交给甲方使用，原则上应带随机司驾人员，司驾人员食宿由甲方提供便利，工资奖金由乙方负责支付，如确有困难，需双方商定。

2)乙方交付给甲方的机械应符合合同要求，乙方应保证甲方按约定使用机械的权力，并服从甲方的统一调度。

3)乙方应负责出租机械的维修保养，并保证机械的完好。

4)乙方司驾人员要遵守国家法规，服从甲方的工作安排，积极配合，完成任务，并认真填写运转记录一式两份，由工段长签字认可，一份交机管部门统计，一份作为乙方的结算依据，在结算时由机管部门签认，交财务部门审核结算。

第七条：机械租赁合同的变更及解除：

1. 因工程或计划发生变化，租赁合同需改变租用期限，甲方应提前＿＿＿＿＿＿日通知乙方，经双方协商而定。

2. 租赁机械如有缺陷，技术状况差，而乙方不能及时修理的，甲方可随时解除合同。

3. 甲方未经乙方同意，擅自将机械转租给第三方，乙方有权解除合同。

第八条：安全责任：由于乙方操作不当或违章作业造成的机械事故或人身伤亡事故，由乙方自负，甲方提供必要的救助措施。

第九条：其他约定：＿＿＿＿＿＿＿＿＿＿＿＿＿＿＿＿＿＿

第十条：本合同未尽事宜，由双方共同协商解决。

第十一条：本合同一式四份，双方各执两份。具有同等法律效力。

承租方(盖章)	出租方(盖章)
单位地址：	单位地址：
法定代表人：	法定代表人：
委托代理人：	委托代理人：
电话：	电话：
开户行：	开户行：
邮编：	邮编：
年　月　日	年　月　日

三、机械设备的正确使用

正确使用机械是机械使用管理的基本要求，包括技术合理和经济合理两个方面的内容。

技术合理就是按照机械性能、使用说明书、操作规程以及正确使用机械的各项技术要求使用机械。

经济合理就是在机械性能允许范围内，能充分发挥机械的效能，以较低的消耗，获得较高的经济效益。

根据技术合理和经济合理的要求，机械的正确使用主要应达到以下三个方面：

(1)高效率。机械使用必须使其生产能力得以充分发挥。在综合机械化组合中，至少应使其主要机械的生产能力得以充分发挥。机械如果长期处于低效运行状态，那就是不合理使用的主要表现。

(2)经济性。在机械使用已经达到高效率时，还必须考虑经济性的要求。使用管理的经济性，要求在可能的条件下，使单位实物工程量的机械使用费成本最低。

(3)机械非正常损耗防护。机械正确使用追求的高效率和经济性必须建立在不发生非正常损耗的基础上，否则就不是正确使用，而是拼机械，吃老本。机械的非正常损耗是指由于使用不当而导致机械早期磨损、事故损坏以及各种使机械技术性能受到损害或缩短机械使用寿命等现象。

以上三个标志是衡量机械是否做到正确使用的主要标志。要达到上述要求的因素是多方面的，有施工组织设计和人的因素，也有各种技术措施方面的因素等，图 4—2 是机械使用的主要因素分析，机械使用管理就是对表列各项因素加以研究，并付之现实。

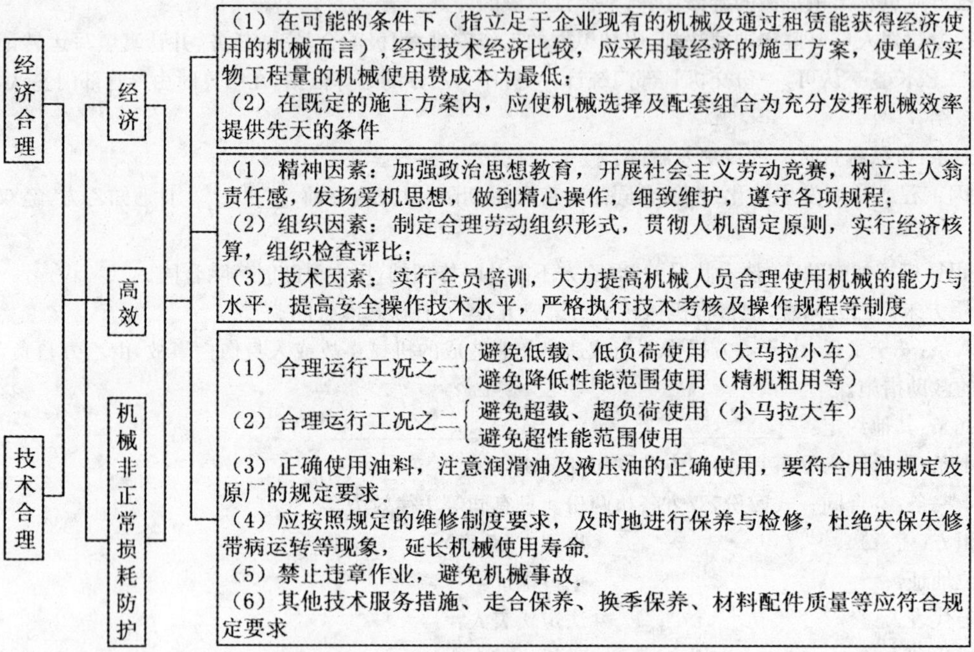

图 4—2　机械正确使用的主要因素分析

第二节　机械设备的使用管理

一、机械设备操作人员的要求

1. 对机械设备操作人员的素质要求

施工机械是由操作人员直接掌握的，机械使用的好坏，生产效率的高低，都决定于操作人员的高度责任心和熟练的操作技术。因此，必须做好下列工作：

(1)所有机械操作人员都应经过专业技术培训，按照应知、应会要求进行考核，合格者获得操作证，凭证操作机械。

(2)新工人在独立使用机械时，必须经过对机械的结构性能、安全操作、维护要求等方面的技术知识教育和实际操作及基本功的培训。

(3)坚持定人、定机，建立岗位责任制及交接班制度。

(4)合理配备机械操作和维修人员。根据机械类型和作业班次，按照定额配备技术等级符合机械技术要求的操作和维修人员。

(5)严格执行机械使用安全技术规程和使用监督检查制度，定期开展机械使用检查评比活动。

2. 操作人员“三好”、“四会”、“六要求”的标准

(1)“三好”

“三好”是指:管理好、使用好、维修好。

1)管理好

①对操作的设备要负责保管好,未经领导批准,不准他人动用;

②认真做好交接班工作并记录;

③工具、附件、仪器、仪表不丢失、损坏,防护装置和线路管道完整、可靠;

④设备开动后不准擅自离开工作岗位,有事离开必须停机断电;

⑤发生事故,要立即停机,保护现场,及时报告领导和机械技术人员,并及时处理。

2)使用好

①严格遵守操作规程和维护保养制度,合理使用设备,做到不带“病”运转,不超负荷使用,不拼设备,不精机粗用;

②不准在设备运转中装卸工件,不得在设备上乱堆乱放工具、工件等物。

3)维修好

①设备大修理时,操作人员要参加拆装和试车;

②在维修人员的帮助下,完成设备二级保养的部分工作;

③独立完成设备的一级保养工作;

④做好日常维护,保持仪表和润滑冷却系统的灵敏可靠;

⑤做好设备外观的清洁完好。

(2)“四会”

“四会”是指:会使用、会养修、会检查、会排除故障。

1)会使用

①严格遵守操作规程;

②熟悉设备构造、性能、传动原理、操作方法,做到正确使用设备。

2)会养修

①经常保持设备内外的清洁,做到班前润滑,班后擦拭清扫,达到设备内外无脏物、无锈蚀。

②对使用的设备,要按规定注油、换油,保持油路畅通、油标醒目。做到润滑“五定”(定点、定质、定量、定时、定人),保证滑动面和传动部件运转正常,无油垢、铁屑、污物,冷却液使用合理。

③设备各种控制系统良好。外表无划痕、碰伤,不漏油、不漏水、不漏电、不漏气。

3)会检查

①对使用的设备,要熟悉其结构性能,熟悉各部位的零部件。设备开动前,必须检查各操作机构、挡铁、限位器等是否可靠;安全防护装置是否完整;各运转部位润滑是否良好,确认各部位正常后方可使用。

②熟悉检查用的检具、量具、仪表、仪器及其使用方法。

③设备开动时,认真观察各部件运转情况,如有异状或异响应立即查明原因,判断故障部位。

4)会排除故障

①能听出和鉴别设备的异常现象,并及时判断出造成异常现象的部位和原因。

②在电工指导下,熟悉设备电力系统,能协助电工排除电气部分故障。

③会调整各部间隙和工作状态。

④凡属一般机械故障,应由操作者及时排除。

⑤一旦出现设备事故,要迅速切断电源、气源、水源等动力线路,防止事故的扩展,并及时报告领导和机械技术人员。认真检查和分析原因,防止类似事故再次发生。

(3)“六项要求”

1)清洁

①设备内外清洁,无黄袍、油垢、锈蚀,铁屑杂物;

②各滑动面、丝杠、齿轮齿条无油垢;

③设备周围地面经常保持整洁,无积油、积水和切屑、垃圾等杂物;

④对内燃机要保持“四滤”的清洁。

2)紧固

①设备各部分的螺栓螺帽、螺钉紧固程度要达到规定值,销子安装要可靠;

②电、气、水、油管道接头紧固可靠,做到不渗漏。

3)调整

①间隙方面:如气门脚间隙、火花塞间隙等;

②行程间隙:如行止设备的操纵杆、离合器及制动器踏板行程,各种限位装置行程等;

③角度方面:如汽油机的点火提前角,柴油机的供油提前角等;

④按规定调整其他需要调整的内容。

4)润滑

①熟悉润滑图表,按照“五定”要求加油、换油,保持油标醒目;

②油箱、油池和冷却水(液)箱应清洁,无铁屑杂物;

③油壶、油枪、油孔、油杯、油线和油毡应保持齐全、清洁;

④油泵压力正常,油路畅通,各部位轴承润滑良好。

5)防腐

①保持设备油漆层的完好,发现有开裂、剥落应及时补漆;

②对涂有油脂防护层的部位要经常保持其完好;

③对橡胶制品等非金属表面要经常进行清洗,防止其表面的腐蚀。

6)安全

①熟悉设备性能,遵守安全技术操作规程,防止人身及设备事故;

②设备的安全防护装置要齐全完好;

③必须坚持持证上岗、定人定机和交接班制度。

二、机械设备的现场管理

机械设备的现场管理就是设备进入施工现场后的管理工作,目的在于维持设备良好的技术状态,保证施工生产的连续、均衡、协调和高效。

施工企业自有的机械设备进入施工现场,企业机械设备管理部门应保证其机械、电气安全性能、安全防护装置符合有关安全标准的要求,并对其颁发准用证。新购置的起重机械设备,必须组织有关专业技术人员对设备进行验收,符合安全使用条件,经企业技术负责人审批后方可投入使用。

提供租赁的机械设备,租赁单位应向承租单位提供租赁单位的自检报告、自检合格证以及相关的技术文件和出厂说明书,还必须提供具有专业资质的检测、检验单位出具的安全技术检测证明；否则，不得租赁和投入使用。

对进入施工现场的机械设备及电动工具，施工现场必须组织专业人员对其进行机械、电气安全性能的检查，确认其符合有关安全使用条件的，方能投入使用。当施工现场不能胜任此项工作时，企业机械设备管理部门应组织或委托法定检测机构进行检验、检测。

施工现场使用起重机械设备，必须按规定由专业技术人员编制专项装拆方案及安全技术措施，并履行签字审批手续。

起重机械设备的安装和拆卸必须由有资格的单位和专业人员进行，并应有专人定期进行维修保养和按规定定期检查其电气绝缘性能。对达不到安全要求又不能修复的机械设备，必须立即停用，并予以报废处理。

施工现场应为机械设备提供符合安全要求的道路、基础（座）、水电、操作棚或停机场地等必备条件。夜间作业应设置安全和充足的照明。

机械设备的作业场所，应符合安全要求。场地应平整无障碍，机械设备旁应留有符合规定的作业和维修空间，作业通道应保持畅通，不得堆放材料、杂物。有防火要求的，其作业场所应符合消防安全要求。

施工机械和动力机械的基础（座）必须稳固，并符合其出厂说明书或设计的要求。

机械设备的管理应做到“定人、定机、定设备”，严禁不具备专业资格的人员操作机械设备。小型电动工具使用前，应对使用人进行安全技术交底并进行安全技术操作规程的教育。

机械设备、小型电动工具的操作人员必须按规定穿戴好个人安全防护用品。机械操作人员的衣着应符合安全要求，紧身并束紧袖口，不得系领带，女工发辫应挽入工作帽内。

操作机械设备及使用小型电动工具前，应检查机械设备、小型电动工具的电源线和安全防护装置。电源线破损或安全防护装置缺损和失效的机械设备、小型电动工具，未经专业人员更换、修复，不得投入使用。工作结束，应切断电源并锁好开关箱。小型手持式电动工具应交保管室保管。

工作前必须检查机械、仪表、工具等，确认完好方准使用。有试运行要求的，应按规定进行试运行，确认正常后，方可投入使用。

施工机械和电气设备、小型电动工具不得带“病”运转和超负荷作业。操作中发现异常情况应立即停机检查，禁止在设备运转时进行擦洗和修理，作业中严禁将头、手等伸入机械行程范围内。修理应由专业人员按照原厂说明书规定的条件或有关标准、规范进行，不得任意使用代用部件或改装、改造。

新机、经过大修或技术改造的机械，必须按出厂说明书规定的技术性能、承载能力、使用条件等有关规定，正确操作，合理使用，严禁超载作业或任意变更、扩大使用范围。按规定需定期检验、检测的仪表和有关安全装置，应经具有法定检验、检测资格的单位定期检验、检测，否则不得使用。

电气设备和线路必须绝缘良好，电线不得与金属物绑在一起。各种电动机具用电必须符合“一机、一闸、一漏、一箱”的规定，其在正常情况下不带电的金属外壳 7 必须按规定做保护接零或接地。临时停电、停工休息或下班时，必须拉闸断电，锁好开关箱。

受压容器应有安全阀、压力表，并避免暴晒、碰撞；氧气瓶严防沾染油脂；乙炔发生器、液化石油气，必须有防止回火的安全装置。

三、内燃机使用要点

1. 内燃机运行特性参数要求

(1)速度特性

当供油量调节机构位置一定时，柴油机的功率、扭矩、耗油率等指标随转速变化的关系称为柴油机的速度特性(图 4—3)。柴油机与其配套机械工作时，最常用的是扭矩变化规律，即扭矩随转速变化的关系。

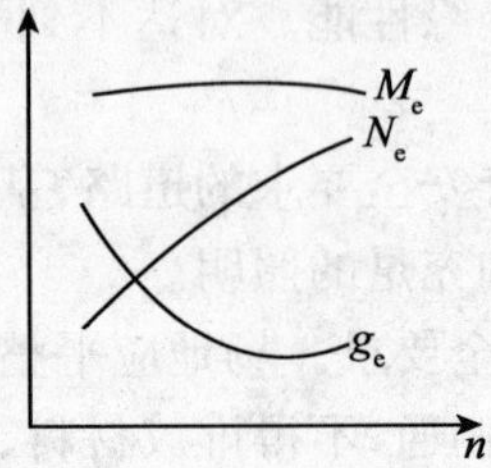

图 4—3 供油量调节机构处于一定位置时柴油机的速度特性

N_e—有效功率；M_e—扭矩；n—转速；g_e—燃油消耗率

当供油量调节机构处于不同位置时，循环供油量不同，所得速度特性也不同，如图 4—4 所示。

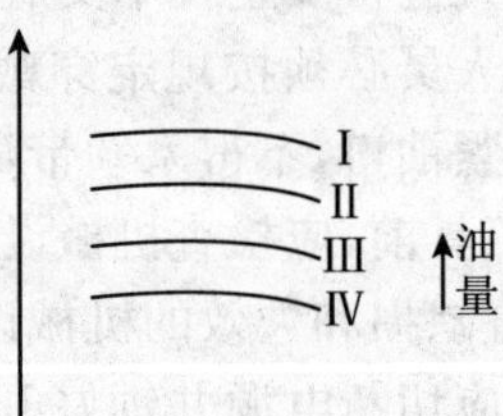

图 4—4 供油量调节机构处于不同位置时所得的速度特性曲线组

1)扭矩 M_e 的变化。在无任何损失的理想情况下，如每个工作循环内的供油量保持不变，则柴油机所做的功应相等，扭矩与做功的大小成比例，因此速度特性曲线中的扭矩应为一水平直线。

2)功率 N_e 的变化。柴油机的有效功率随转速增加而倍增，最大功率在最大转速范围内。如转速继续增高，由于燃烧情况恶化，摩擦损失增大，功率反而下降。

3)燃油消耗率 g_e 的变化。转速从小逐渐增大，燃油消耗率随着下降，但到一定(中等)转速时，燃油消耗率最低，此后随着转速增高而逐渐增大。因此，可以得到一个与最小燃油消耗率相对应的转速。

速度特性曲线显示了柴油机的最大功率、最大扭矩、最小燃油消耗率所对应的转速以及不同转速下柴油机所能发出的功率、扭矩及燃油消耗率等。从中可选择柴油机最有利的转速范围和适应性。

柴油机的适应性可用适应性系数来表示，即

$$K=\frac{M_{emax}}{M_e}$$

式中 K——适应性系数；

M_{emax}——最大扭矩(N·m)；

M_e——最大功率时的扭矩(N·m)。

柴油机适应性系数越高，用以克服外界负荷(阻力矩)的能力贮备越大，使用时的适应性也越强(在外界负荷增大时保持柴油机一定转速)。一般柴油机的适应性系数为 1.05～1.10。采用校正措施时，可提高到 1.1～1.24。

(2)负荷特性

如图 4—5 所示为柴油机负荷特性曲线。从图中可以看出，耗油量 G_T 随负荷的增加而增加，在中小负荷时为正比关系。而耗油率 g_e 的变化为一条向下弯的曲线，并且靠近全负荷时为最小值 g_{emin}，说明内燃机在接近满载时最经济，因为此时的耗油率最低。此外，在负荷特性曲线中还有排气温度打曲线，这个温度曲线表示内燃机热负荷的情况。排气温度的高低是判断内燃机能否正常可靠地工作的一个重要指标。

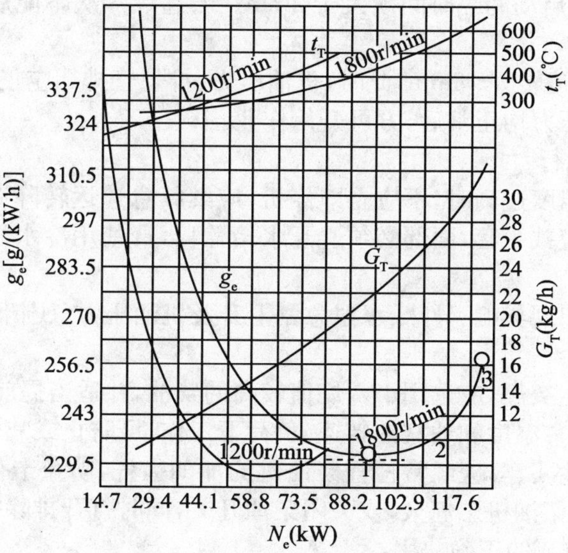

图 4—5　柴油机负荷特性曲线

(3)调速特性

在调速器的作用下，柴油机扭矩、功率、燃油消耗率等性能指标随转速而变化的关系称为调速特性。调速特性的表现形式随调速器的不同作用而有所差异，现以建筑机械柴油机普遍装用的全制式调速器作说明。

如图 4—6 所示为装有全制式调速器 6120 型柴油机的调速特性，图中 1 为柴油机外特性曲线，曲线 2～7 相当于调速手柄处于不同位置时的调速特性。

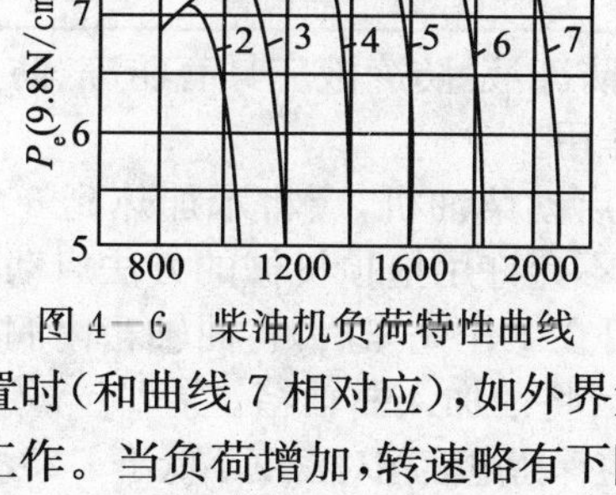

图 4—6　柴油机负荷特性曲线

当手柄固定在最高转速位置时(和曲线 7 相对应)，如外界负荷为零，调速器将油量控制在使柴油机处于高速空载工况下工作。当负荷增加，转速略有下降时，调速器使供油量调节拉杆向加油方向移动，从而阻止转速下降。继续增加负荷，调速器供油量相应增加，从而使柴油机在高速下稳定运行，即在整个变载过程中，柴油机沿曲线 7 工作。当负荷增加到调速器已使供油量达最大值时，如外界负荷继续增加，因调速器不再起作用，从而使柴油机转速明显下降，此时柴油机沿外特性曲线 1 工作。

改变调速手柄位置，柴油机就在另一相应转速下稳定运行，对应于另一条调速特性曲线。

2. 内燃机的正确启动

(1)内燃机作业前应重点检查曲轴箱内润滑油油面在标尺规定范围内；冷却系统水量充足、清洁、无渗漏，风扇三角胶带松紧合适；燃油箱油量充足，各油管及接头处无漏油现象；各总成连接件安装牢固，附件完整、无缺。

(2)内燃机启动前，离合器应处于分离位置，有减压装置的柴油机，应先打开减压阀。

(3)打开柴油机总开关，按下启动按钮，柴油机随启动机运转。启动时启动机的啮合时间每次不得超过 10s，连续启动间隔时间须大于 2min。若连续 3 次不能启动，就应切断电路，查明原因。

(4)启动后，应低速运转 3～5min，此时，机油压力、排气管排烟应正常，各系统管路应无泄漏现象，待温度和机油压力均正常后，方可开始作业。

3. 内燃机的安全运行

(1)作业中内燃机温度过高时，不应立即停机，应继续怠速运转降温。当冷却水沸腾需开启水箱盖时，操作人员应戴手套，面部必须避开水箱盖口，严禁用冷水注入水箱或泼浇内燃机体强制降温。

(2)内燃机运行中出现异响、异味、水温急剧上升及机油压力急剧下降等情况时，应立即停机检查并排除故障。

(3)防止柴油机发生突爆，应选用十六烷值较高的柴油，并适当提前供油角，使着火落后期缩短。保持柴油机在正常温度和适宜的转速、负荷下工作，可防止或减轻突爆。

(4)防止柴油机发生飞车，应经常检查柴油机的加油齿杆，防止卡住、咬死。如发生飞车，应迅速挂低速挡制动使柴油机憋熄火；或关闭柴油开关，同时打开排除空气开关，以停止供油。

4. 柴油机在寒冷季节的正确使用：

(1)当室外温度低于 5℃时，在室外运行的水冷式柴油机停止使用后，应及时放尽机体存水。放水时应待水温降到 50～60℃时进行，柴油机应处于水平状态，拧开水箱盖并打开缸体、水泵、水箱等所有放水阀，确保放净存水。

(2)根据当时柴油机工作的环境温度选用正确牌号的柴油和机油，详见表 4－2 和表4－3。

表 4－2　不同环境温度条件选择适用的机油

使用环境温度	＞－10℃	＜－10℃
应选用机油的牌号	15W/40	5W/30

表 4－3　不同环境温度条件选择适用的柴油

使用环境气温	＞4℃	4～－5℃	－5～－14℃	－14～－29℃
应选用柴油牌号	0 号	－10 号	－20 号	－30 号

(3)冷却液按规定必须使用防冻液，防冻液应具有防冻、防止积水垢、防止冷却系统零件气蚀和防止冷却系统零件腐蚀等作用。

(4)在没有保温设施情况下启动柴油机，应将水加热到 60～80℃时再加入柴油机冷却系统，并可用喷灯加热进气支管。不允许用拖顶机械的方法启动柴油机。

(5)无预热装置的柴油机，可在工作完毕后，将曲轴箱内润滑油趁热放出存入清洁容器，启动时再将容器加温到 70～80℃后将油加入曲轴箱。

(6)柴油机启动用的蓄电池，应保持电液相对密度不低于 1.25，发电机电流应调整到 15A 以上。

5. 柴油机的定期保养与维修

柴油机在使用过程中各个零部件必然会产生不同程度的磨损，这是正常现象，有时还会产生某些故障和机械损伤，因此要求定期保养和维修。如不按规定进行保养和维修，柴油机的性能会恶化，可靠性会降低，甚至发生严重的事故。

在购买零配件时必须采用厂家鉴定认可的装机和配套产品，以确保其功能可靠和使用寿命。柴油机的保养规范详见表4—4。

表4—4　柴油机保养规范

柴油机保养项目	例行检查	一级保养	二级保养	三级保养
检查冷却液容量并加注	√	√	√	√
检查调整三角皮带松紧度	√	√	√	√
清洗更换输油泵进油滤网和柴油滤清器滤芯	√	√	√	√
检查调整气门间隙		√	√	√
检查空气滤清器及其指标器或指示灯	√	√	√	√
紧固进气管软管		√	√	√
清洗空气滤清器主滤芯	当指示灯亮时保养，若无指示灯或已坏，则每次检查都必须进行保养			
更换空气滤清器安全滤芯	清洗5次主滤芯后			
检查调整喷油器开启压力				√
在喷油泵实验台上检查调整喷油泵				√

(1)检查和调整气门间隙，排除漏水、漏油、漏气等故障。

(2)检查和调整供油提前角和喷油器开启压力。

(3)检查冷却液容量并加足，检查和调整风扇和发电机皮带的松紧程度，紧固冷却管道管夹。

(4)清洗输油泵进油滤网和滤杯内的滤网与柴油滤清器滤芯等，如污染严重或损坏则必须更换。

(5)更换机油和机油滤清器，若采用一次性机油滤清器则与机油同时更换。更换时应在柴油机热状态下放尽脏机油。在新机油滤清器的密封垫表面涂上清洁机油，安装到机油滤清器座上用专用工具拧紧。

四、直流电动机使用要点

1. 直流电动机的机械特征

(1)他励电动机

他励电动机的励磁绕组与电枢绕组如图4—7所示。图4—7中L_F线圈代表励磁绕组，G代表电枢(不同)。他励电机的励磁电流由外电源供给电枢线圈与励磁绕组。

(2)并励电动机

并励电动机的励磁绕组和电枢绕组相并联，如图4—8所示。

并励直流电动机的转速是基本恒定的，它适用于带负载后要求转速变化不大的场合。

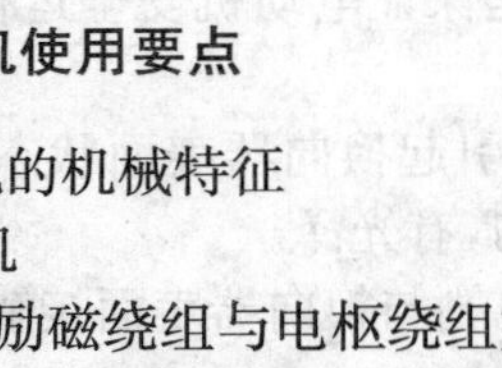

图4—7　他励电动机

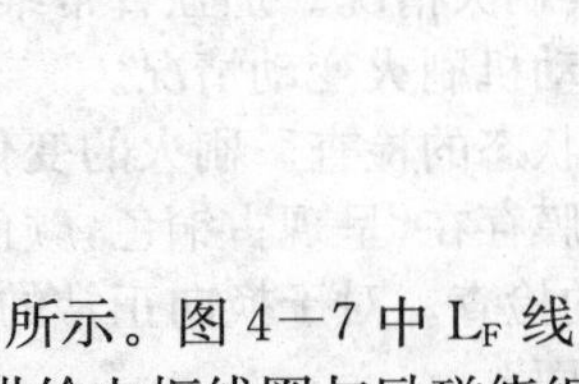

图4—8　并励直流电动机电路

(3)串励电动机

串励电动机的励磁绕组和电枢绕组相串联，励磁电流等于电枢电流，如图4—9所示。

串励电动机转速随转矩增加显著下降的特性，适合于负载转矩变化很大的场合。

一般串励电动机运行的最小负载不应小于额定负载的25%～30%。串励电动机与生产机械必须直接连接，禁止使用皮带或链条传动，以免皮带滑脱和链条断裂而发生严重的飞车事故。

(4)复励电动机

复励直流电动机有两个励磁绕组，它们分别与电枢绕组串联和并联，如图 4－10 所示。如果两个励磁绕组所产生的磁通方向一致，就叫积复励；相反，则叫差复励。

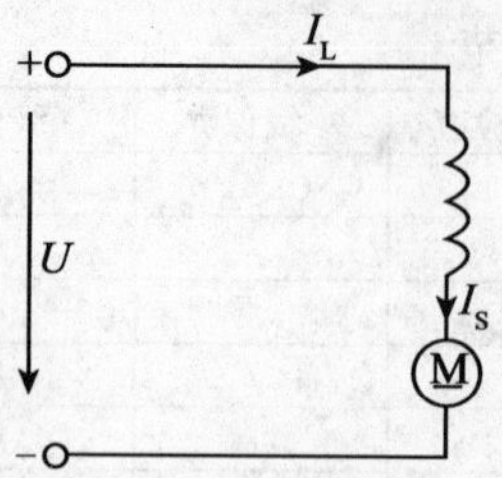

图 4－9 串励电动机电路图

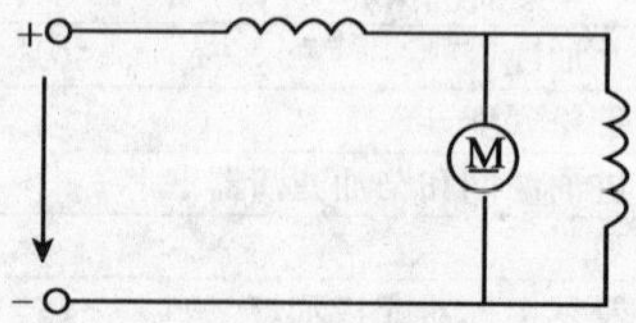

图 4－10 复励电动机电路

在空载或轻载运行时，复励电动机的电枢电流很小，串联绕组产生的磁通很小，电动机的磁场主要是由并励绕组建立的，其机械特性近于并励直流电动机。

由串励绕组所建立的磁场起主要作用的复励电动机主要用于负载转矩变化很大而又可能出现空载的场合，如吊机等。其机械特性近于串励电动机，但在空载时，不会发生飞车的危险，克服了串励电动机不能空载或轻载运行的缺点。

并励、串励、复励电机在作发电机时，其励磁电流都是由发动机本身供给，故统称为自励发电机。

当自励发电机从静止状态开始旋转时，由于磁极中有少量剩磁存在，电枢绕组切割剩磁的磁力线，首先感应出一个不大的剩磁电动势，通过电刷返回励磁绕组产生电流。如果该电流所产生的磁场方向与剩磁磁场方向相同，则磁场加强，使电枢电动势也增大，励磁电流随之增大，如此反复直到电枢端电压稳定在某一定值。

2. 直流电动机的运行检查

(1)运行中观察刷火情况。加强日常维护检查，是保证电动机安全运行的关键，运行维护人员首先应观察电动机刷火变动情况。

2)换向器表面状态的检查。刷火的变化，同时会引起换向器表面状态的变化。正常的换向器表面因有氧化膜存在，呈现古铜色，颜色分布均匀，有光泽。

(3)电刷工作的检查。对于换向正常的电动机，电刷与换向器表面接触的电刷工作面应呈现平滑、明亮的“镜面”。

(4)通风冷却系统的检查。通风冷却系统出现故障时会使电动机温升增高。要求详细检查过滤器是否堵塞，电动机通风管是否堵塞，电动机内部灰尘是否影响电动机散热，冷却水是否正常，有无漏水现象发生。要求冷却水的水压不低于 9.8×10^4 Pa，进水温度不超过 25℃，出口水温差不得超过 10℃。

(5)润滑系统的检查。检查轴承温升，当环境温度在 35℃以下时，滚动轴承温升为 60℃，滑动轴承为 45℃。要求轴承无渗漏油现象。

(6)电动机振动的检查。直流机振动标准值见表 4－5，不可超过此表允许的范围。

表 4－5 直流电动机在额定转速下的允许振动值

电动机转速(r/min)	容许双振幅(mm)	电动机转速(r/min)	容许双振幅(mm)
500	0.16	1500	0.08
600	0.14	2000	0.07
750	0.12	2500	0.06
1000	0.10	3000	0.05

(7)按电动机容量、转速和振动值，据表 4－6 判别电动机运行的振动情况是否良好。

表 4—6　判别电动机振动值优劣情况(mm)

电动机规格	最好	好	允许
100kW 以上 1000r/min	0.04	0.04	0.10
100kW 以上 1500r/min	0.03	0.05	0.09
100kW 以上 1500～3000r/min	0.01	0.03	0.05

3. 直流电动机的安全操作

(1)必须先接通励磁电源,有励磁电流存在,而后再接通电枢电压。

(2)在启动电动机时要采取限制启动电流的措施,使启动电流控制在额定电流的 1.5～2 倍。

(3)采用手动方式调节外施电枢电压 U 时,U 值不能升得太快,否则电枢电流会发生较大的冲击,所以要小心调节。

(4)要保证必需的启动转矩,启动转矩不可过大或过小。

(5)分级启动时,控制附加电阻值,使每一级最大电流和最小电流大小一致。

五、交流电动机使用要点

1. 交流电动机的机械特性

异步电动机在工作时,其电磁转矩随转差率而变化。当定子电压和频率为定值时,电磁转矩 T 和转子转速 n_2 之间的关系 $n_2=f(T)$ 称为机械特性。

机械特性可用实验或计算的方法求出,如图 4—11 所示。下面分别研究在实际中常用到的三个转矩,即启动转矩 T_{ST},最大转矩 T_{max} 和额定转矩 T_N。

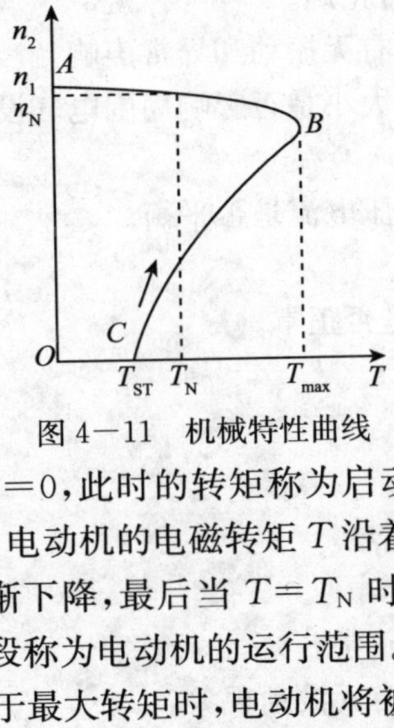

图 4—11　机械特性曲线

电动机在刚启动的一瞬间,$n_2=0$,此时的转矩称为启动转矩 T_{ST}。当启动转矩大于电动机轴上的阻力时,转子开始旋转。电动机的电磁转矩 T 沿着曲线的 CB 部分上升,经过最大转矩 T_{max} 后,又沿曲线 BA 部分逐渐下降,最后当 $T=T_N$ 时,电动机便以额定转速旋转,此时 $n_2=n_N$。机械特性曲线中的 AB 段称为电动机的运行范围。

当轴上所拖动的机械负载大于最大转矩时,电动机将被迫停转,如不及时切断电源,便会烧毁电动机。所以一般电动机的额定转矩 T_N 要比最大转矩 T_{max} 小得多。T_{max} 与 T_N 的比值叫做电动机的过载能力,即:

$$\lambda=\frac{T_{max}}{T_N}$$

一般异步电动机的 $\lambda=1.8～2.5$。

2. 交流电动机的启动检查

(1)启动前的检查

1)了解电动机铭牌所规定的事项。

2)电动机是否适应安装条件、周围环境和保护形式。

3)检查接线是否正确,机壳接地是否良好。

4)检查配线尺寸是否正确,接线柱是否有松动现象,有无接触不好的地方。

5)检查电源开关、熔断器的容量、规格与继电器是否配套。

6)检查传动带的张紧力是否偏大或偏小,同时要检查安装是否正确,有无偏心。

7)用手或工具转动电动机的转轴,检查转动是否灵活,添加的润滑油量和材质是否正确。

8)集电环表面和电刷表面是否脏污,检查电刷压力、电刷在刷握内活动情况以及电刷短路装置的动作是否正常。

9)测试绝缘电阻。

10)检查电动机的启动方法。

(2)启动时注意事项

1)操作人员要站立在刀闸一侧,避开机组和传动装置,防止衣服和头发卷入旋转机械。

2)合闸要迅速果断,合闸后发现电动机不转或旋转缓慢,声音异常时,应立即拉闸,停电检查。

3)使用同一台变压器的多台电动机,要由大到小逐一启动,不可几台同时合闸。

4)一台电动机连续多次启动时,要保持一定的时间间隔,连续启动一般不超过 3～5 次,以免电动机过热烧毁。

5)使用双闸刀启动、星三角启动或补偿启动器启动时,必须按规定顺序操作。

(3)启动后的检查

1)检查电动机的旋转方向是否正确。

2)在启动加速过程中,电动机有无振动和异常声响。

3)启动电流是否正常,电压降大小是否影响周围电气设备正常工作。

4)启动时间是否正常。

5)负载电流是否正常,三相电压电流是否平衡。

6)启动装置是否正确。

7)冷却系统和控制系统动作是否正常。

3. 交流电动机的运转体的检查

(1)有无振动和噪声。

(2)有无臭味和冒烟现象。

(3)温度是否正常,有无局部过热。

(4)电动机运转是否稳定。

(5)三相电流和输入功率是否正常。

(6)三相电压、电流是否平衡,有无波动现象。

(7)有无其他方面的不良因素。

(8)传动带是否振动、打滑。

六、液压装置的使用要点

1. 保证液压油的质量和性能

(1)液压系统所用的油料,应符合出厂说明书中所规定的液压油种类和牌号,也可根据液压泵或液压马达的结构形式、液压系统采用的压力、环境温度等选用适当的油液。

(2)加补油料应经过严格过滤,向油箱注油应通过规定的滤油器。滤油器应经常检查和清洗，发现损坏，应及时更换。

(3)定期检查液压油的清洁度，如清洁度低于规定的等级，应及时更换，认真填写单机加、换油记录及油品检测记录。

(4)向油箱加注新油的牌号应与旧油液牌号相同。当需加注不同牌号油液时，应将液压系统的旧油液全部放净并清洗后，方可加注新油。不同牌号的液压油不得混合使用。

(5)盛装液压油的容器应保持清洁，容器内壁不得涂刷油漆。

(6)液压油必须保持清洁，严防杂质、水分混入油中。更换的新油要先沉淀 24h，只用其上部 90%的油，加入时要用 120 网目以上滤网过滤。如采用钢管作输油管时，必须在油中浸泡 24h，使其内壁生成不活泼的薄膜后方可安装。在使用过程中要定期检查油质，发现劣化严重时应及时更换。

(7)严格控制油温。液压油在运转中温度一般不得超过 60℃，如温度过高，油液将早期劣化，润滑性能变差，密封件容易老化，元件的效率也将降低。因此，当油温超过 80℃时，应停止运转，待降温后再启动。油温达到 30°以上时才能工作。

(8)对正常使用条件下的液压油应定期取样化验，一般情况下每两月取样化验一次，工作频繁、环境条件恶劣时应每月取样化验一次。液压油的更换指标详见表 4—7。当不具备分析和化验条件时，应按机械使用说明规定周期换油。

表 4—7　液压油的换油指标

项　目		换油指标	试验方法
运动黏度(40℃)变化率(%)	超过	+15 −10	JB/T 265 及 3.2 条
水分(%)	大于	0.4	GB/T 260
色度增加(比新油)(号)　大于	酸值	2	GB/T 6540
降低(%)	超过	0.5	GB/T 264 及 3.3 条
或增加值 KOH(mg/g)	大于	0.4	
正戊烷不溶物(%)	大于	0.1	GB/T8926A 法
铜片腐片(100℃　3h)(级)	大于	2	GB/T 5096

2. 正确启动、运转液压装置

(1)液压油箱内的油面应在标尺规定的上、下限范围内，低于下限时，应补充新油。

(2)冷却器应有充足的冷却水，散热风扇应完好有效。

(3)液压泵的出入口与旋转方向应与标牌标志一致。换新联轴器时不得敲打泵轴。

(4)各液压元件应固定牢固，油管及密封圈应无渗漏。

(5)所有操纵杆都应处于中间位置。

(6)在低温或严寒地带启动液压泵时，应使用加热器提高油温，加热时不得使油温超过 80℃。启动后，当油温低于 10℃时，应使液压系统在无载荷状态下运转 20min 以上。

(7)初次启动时，在液压系统空载情况下，应观察并确认各工件工作状态正常，并应打开空气阀，将系统内空气排除干净。

(8)停机时间较长的液压泵和液压马达，启动后应空转一段时间，方可正常使用。

(9)溢流阀的调定压力不得超过液压系统允许的最高压力。应检查并确认各操纵阀、管接头等无破损漏油现象，各机构运转灵活，一切正常后，方可启动作业。

(10)运转中，在系统稳定工况下，应随时观察仪表读数，注意油温、压力、噪声、振动等情况，发现问题，应立即停机检修。

(11)液压油的工作温度宜保持在30～60℃范围内，使用中宜控制油温最高不超过80℃；当油温过高时，应检查油量、油粘度、冷却器、过滤器等是否正常，找出故障并排除后，方可继续使用。

(12)液压泵吸入管及泵轴密封部分等低于大气压力的地方不得漏入空气。

(13)当开启放气阀或检查高压系统泄漏时，不得面对喷射口的方向。

(14)高压系统发生微小或局部喷泄时，应立即卸荷检修，不得用手去检查或堵挡喷泄。

(15)蓄能器注入气体后，各部分不得拆开或松动螺丝。在拆蓄能器封盖前，应先放尽器内气体，确认无压力后方可拆开。

(16)液压系统在作业中如出现下列情况时，应停机检查：

1)油温过高，超过允许范围；

2)系统压力不足或完全无压力；

3)流量过大、过小或完全不流油；

4)压力或流量脉动；

5)严重噪声振动；

6)换向阀动作失灵；

7)工作装置功能不良或卡死；

8)油管系统泄漏、内渗、串压、反馈严重时。

(17)作业完毕后，工作装置及控制阀等均应回复原位。

(18)应认真进行保养。长时间不使用时，外露的活塞杆等应涂油防锈。

(19)拆检系统及管路时，应确保系统内无高压，方可拆除。

3. 液压装置的保养与维护

施工机械液压系统形成污染，其危害极大，必须重视并加以控制。液压系统的污染有液压油污染和空气污染，其中较多的是液压油污染。

(1)液压油污染的测定

1)类比测定法。从系统中采取油样与新油对比，通过看、闻、摸来估测油液污染程度，然后按表4—8进行处理。

表4—8 液压油污染的分析与处理

方法	现 象	原因分析	处理措施
看	颜色变淡	混入了其他油液	查黏度，超标准则换油
	乳白色	混入了空气、水、清洗液	加脱乳剂、消泡剂后稍运转，如仍超标准则换油
	黑褐色	已反应，生成沥青质杂类	静止存放后取上层，重新过滤后使用
	有小黑点	混入灰尘、铁锈等	同上，严重时换油
	沉淀物有亮点	混入金属粉末或元件磨损	同上
闻	有臭味	已氧化变质	更换液压油
摸	光滑感差	润滑性降低	过滤后补充新油
	无黏性感	无润滑性能	更换液压油

2)过滤测定法。从系统中采取抽样与新油少许，分别滴在240目的滤纸上，数分钟后比较

两滤纸所形成的图形，即可确定污染程度，据此采取相应措施见表4—9所示。

表4—9　液压油的过滤测定和判别

滤纸图样	判　别
油滴中心呈浅褐色，外圈不明显，扩张性很强，不溶污物少	纯净油
油滴中心颜色很淡，外圈有浑圈，扩张性较强，不溶污物中等	污染较轻，能继续使用
油滴有分布均匀的暗色中心，外圈清晰	污染较重，建议不再使用
油滴呈均匀暗色，色圈很清晰，颜色随污染而加深	污染严重，应重新换油

(2)空气污染的测定

1)直接测定法。油箱的高度太低，泵在吸油时出现吸油管或过滤器露出油面而吸入空气。此时真空油表读数太低、压力表跳动不稳，回油管处排出大量气泡，这表明系统内已有空气进入产生污染。这种方法因可直接观察，因此称直接测定法。

2)涂油测定法。在系统工作前，将泵、吸油管接头及系统中各密封处等可能进气的部位清洗干净并擦干，然后涂上一层润滑脂，抹平形成保护膜，然后启动发动机使系统工作。若是吸气点，则保护膜就会出现因吸破而形成的皱折状、开裂状或错位状，说明这一点可能进气。在此基础上再涂一层较稠的滑润脂，待表面略见风干后再使系统工作。此时黏度大而附着力强，表面张力也大，若再被吸破则证明该点确为进气点。

(3)污染物的控制

1)固体污染物的控制。液压油固体污染在设备的前半生已存在，需要在初驶磨合后换油液时认真清理，在设备后半生的管理使用过程中，应注意下述事项：

①要保证液压系统清洁，使之无油泥、铁屑、金属屑及纤维等杂质，并认真过滤。

②维修组装后应用液压油最后清洗一遍，将油放净后再加入新油，放出后的油可沉淀后过滤待用。

③如有需要焊接研磨的部件，要认真处理好，不能将焊渣和研磨粉末混入系统内。

④尽可能不在粉尘和风沙大的环境下拆装液压元件和维修、检查液压系统。

2)液体污染物的控制。施工机械在各种较为恶劣的条件下施工，停放，雨、雪、冰、霜均可通过油箱的通气孔、加油孔等进入油箱内部，因此在使用中一定要把好加油这一关口，特别是在雨雪天气，必须采取措施，挡好、遮严加油口，绝对防止雨雪进入油箱。

3)空气污染的控制。造成液压系统空气污染的原因有：

①油箱内油量不足，使吸油管和过滤器瞬时露出油面而产生间断性吸气，这时油箱的油面在规定高度以下，并且真空表读数太低、压力表读数也不稳；

②液压元件及各接头处密封不严、吸油管壁有裂纹或老化破损导致吸入空气。当发现油箱内油量不足时应随时加足油，确保油面在规定的高度以内。

因此，当发现密封不严时应紧固各接头并检查密封件及输油管道，如有损坏应及时更换。

第三节　机械设备的检修管理

一、机械设备维修人员要求

1. 申请机械设备维修合格证须具备的条件

(1)"维修技术准备报告"通过审查；

(2)维修样车通过相关试验；

(3)通过维修技术审查；

(4)主要管理人员应具备相应的维修生产管理能力和经验；

(5)具有能够保证维修质量的相应工作人员，包括技术人员、技术工人及计量、检验人员；

(6)具有能够保证产品维修质量的生产设施、加工设备、工艺装备；

(7)具有能够保证产品维修质量的检验、试验手段；

(8)具有完备的产品质量保证体系和责任制度；

(9)具有完备的技术文件和保证持续维修的能力；

(10)申请人或主要投资方已生产或维修的相关产品近3年内无严重质量不良记录；

(11)有完善的用户服务体系；

(12)符合法律、法规规定的其他条件。

2. 申请机械设备维修合格证应提交的材料

申请机械设备维修合格证应当提交下列材料(书面和电子文本各一套)：

(1)行政许可申请书(一式三份)；

(2)企业营业执照(副本)；

(3)申请企业基本情况；

(4)维修技术准备报告；

(5)质量保证体系和管理制度等材料；

(6)维修场地、设备等证明维修能力的说明材料；

(7)产品修理技术规范；

(8)总成维修资质材料；

(9)申请人或主要投资方已生产或维修的相关产品近3年内的使用报告；

(10)法律法规要求的其他材料。

申请人同时申请多种产品的维修合格证，且产品在同一场地维修，“申请企业基本情况”可只提供一份。

申请人同时进行同类多种产品维修合格证的申请，且产品在同一场地维修，“维修技术准备报告”可只提供一份，但在报告中应明示对各种产品有差异的专项准备。

行政许可申请书应当采用格式文本，格式文本由铁道部提供。

3. 铁道部在审查申请人的合格证时的要求

(1)铁道部受理维修合格证的申请后，运输局应及时对申请材料及维修现场进行审查，对维修技术报告可聘请专家评审。审查合格的，通知申请人进行维修样车的型式试验，并将相应结论提交铁道部，由铁道部组织专家进行技术审查。审查合格的，作出准予行政许可的决定；审查不合格的，作出不予行政许可的决定，并说明理由，通知申请人。

申请人同时申请多种产品的维修合格证，且产品在同一场地维修，维修现场审查可集中一次进行。

(2)型式试验应按现行的相关技术规范和规程进行，由铁道部认可的且通过国家计量认证的专业技术机构实施。

(3)专业技术机构应根据型式试验的具体要求编制试验、考核大纲，必要时可聘请专家对大纲进行审查，报运输局备案后组织实施。

该大纲应包括不同阶段、不同场地应进行的检测项目，特别是应明示进入国家铁路试验、考核前必须检测合格的项目。

应进入国家铁路试验的项目，由申请人凭专业技术机构出具的“检测合格通知书”按试验和考核大纲要求联系试验场地。

专业技术机构应按大纲内容逐项监督实施，以确保型式试验的完整性、准确性及结果的真实性，对所做出的结论承担法律责任。

(4)大型养路机械型式试验的主要项目包括：基础结构、动力传动系统、液压系统、制动系统、气动系统、电气系统等检查；作业性能测试；运行性能、制动距离等。

(5)铁道部自受理申请之日起20日内作出行政许可决定。20日内不能作出决定的，经铁道部主管领导批准，可以延长10日，并将延长期限的理由告知申请人。

型式试验、专家评审所需时间不计算在上述期限内。

(6)铁道部作出准予行政许可的决定后，应当自作出许可决定之日起10日内向申请人颁发相应的维修合格证书。

维修合格证有效期为5年，从批准之日起计算。

(7)在维修合格证书的有效期内，维修企业必须在产品前端外侧和产品履历书内标明维修合格证的有效期和编号。

(8)经审查不予许可的申请人，维修条件没有发生实质性变化再次提出同一申请的不予受理；隐瞒有关情况或者提供虚假材料申请的，在1年内不得再次申请同一行政许可；以欺骗、贿赂等不正当手段取得行政许可的，在3年内不得再次申请同一行政许可。

(9)维修出厂的轨道车辆和大型养路机械产品在投入使用前，应当经过铁道部验收合格。

整机安全性能、运行性能、制动性能和有精度要求的作业性能应达到新造车性能；重要零部件和主要系统性能达到相关标准规定。

4. 合格证在有效期内的使用要求

(1)取得维修合格证的企业停止维修相关产品3年以上重新维修时，应重新申请维修合格证。

(2)在维修合格证有效期内，被许可企业名称变更，应提交有关部门的批准文件及工商行政管理部门核发的新的营业执照，在变更后30日内向铁道部申请办理维修合格证变更手续。

(3)维修合格证有效期满，企业继续维修的，应当在有效期满前3个月内向铁道部提出延期申请。

提出延期申请的企业，应当提交原维修合格证。

(4)在维修合格证有效期内，企业维修条件、检验手段、生产技术或者工艺发生较大变化的，可能影响行车安全或作业性能的，应当及时向铁道部提出申请，铁道部运输局将依照本细则规定重新组织审查。

(5)铁道部应当加强对取得维修合格证的企业从事维修活动的监督检查。监督检查时可以对产品依法进行抽样检验、检测，对维修场所进行实地检查，依法查阅或者要求被许可企业报送企业情况、维修技术报告等材料。被许可企业应当如实提供有关情况和材料。

(6)被许可企业应当保证产品维修质量稳定合格，并于每年年底向铁道部运输局提交年度质量报告。企业对报告的真实性负责。

5. 企业被提出限期整改、撤销(注销)维修许可的原因

(1)监督检查时发现下列情况之一的，应责令被许可人暂停维修业务，并限期整改：

1)维修产品存在安全隐患的；

2)主要管理人员、技术人员不符合申请要求的；

3)产品质量保证体系和管理制度不健全的；

4)维修设施、设备、工艺不能保证维修质量的；

5)检验、试验手段不能保证维修产品质量的；

6)维修产品与技术条件符合性不满足要求的；

7)其他不能保证产品质量的情形。

(2)取得维修合格证的企业有下列情形之一的，铁道部将撤销维修许可：

1)因产品质量导致重大、特大事故，造成恶劣后果和严重影响，经查属维修责任的；

2)涂改、倒卖、出租、外借维修合格证，或者以其他形式非法转让维修合格证的；

3)以欺骗、贿赂等不正当手段取得维修合格证的；

4)责令限期整改未整改或整改后仍不合格的；

5)法律法规规定应当撤销的其他情形。

(3)取得维修合格证的企业有下列情形之一的，铁道部将注销维修许可：

1)被许可企业不再维修该产品的；

2)维修合格证有效期已过，未提出延续申请的；

3)被许可企业变更企业名称，未办理变更手续的；

4)维修许可被撤销的；

5)被许可企业依法终止的；

6)其他应当注销许可证的情形。

二、机械设备修理

1. 机械设备的维护保养和技术供应

按时作好机械的维护保养，是保证机械正常运行，延长使用寿命的必要手段。为此，在编制施工生产计划的同时，要按规定安排机械的保养时间，保证机械按时保养。机械使用中发生故障，要及时排除，严禁带病运行和只使用不保养的做法。

(1)汽车和以汽车底盘为底车的建筑机械，在走合期公路行驶速度不得超过 30km/h，工地行驶速度不得超过 20km/h，载重量应减载 20%～25%，同时在行驶中应避免突然加速。

(2)电动机械在走合期内应减载 20%～15%运行，齿轮箱亦应采取粘度较低的润滑油，走合期满应检查润滑油状况，必要时更换(如装有新齿轮，或全部更换润滑油)。

(3)机械上原定不得拆卸的部位走合期内不应拆卸，机械走合时应有明显的标志。

(4)入冬前应对操作使用人员进行冬季施工安全教育和冬季操作技术教育，并做好防寒检查工作。

(5)对冬季使用的机械要做好换季保养工作，换用适合本地使用的燃油、润滑油和液压油等油料，并安装保暖装具。凡带水工作的机械、车辆，停用后将水放尽。

(6)机械启动时，先低速运转，待仪表显示正常后再提高转速和负荷工作。内燃发动机应有预热程序。

(7)机械的各种防冻和保温措施不得遗漏。冷却系统、润滑系统、液压传动系统及燃料和蓄电池，均应按各种机械的冬季使用要求进行使用和养护。机械设备应按冬季启动、运转、停机清理等规程进行操作。

(8)机械的管理和使用之间存在着互相影响不可分割的辩证统一关系，重用轻管或管、用脱节都会造成经济损失，因此，必须贯彻管、用结合的方针。机械管、用结合的要点如下：

1)编制施工计划时，应由机务人员参加，使施工计划与机械保修计划相协调，机械性能与施工条件相适应。

2)开工前，施工管理人员应向机务人员交底，如施工进度、工程质量及施工要求等；机务人员也应向施工管理人员说明机械使用规则、管理条例和安全守则等。

3)施工过程中，施工管理人员应遵守机械管理的各项规定，采纳机务人员的合理化建议，并尽量为机械使用创造有利条件；机械操作人员应主动协作，积极创造条件，克服困难，并主动向施工管理人员交换意见，按时、保质、保量地完成施工任务。现场施工负责人要善于协调施工生产和机械使用中的矛盾，既要支持机械操作人员的正确要求，又应向机械操作人员进行技术交底和提出施工要求。

2. 机械设备修理的主要类别及方法

(1)大修

机械设备的大修间隔只有一个参考依据，即是否需要大修主要看其技术状况是否符合大修技术条款来确定。需大中修的要填写“施工设备大中修计划”报物资设备部审批。

1)机械设备需大修的技术条件如下：

①发动机

a. 动力性能显著下降(一般降低 20%以上)。

b. 有严重烧机油现象(机油消费量超过定额 1 倍以上)。

c. 发动机走热后，气缸压力过低(达不到标准的 60%)。

②机械部分

a. 传动机构的主要零件达到极限磨损程度，使机械设备在运转中有偏摆、异响或撞击抖动现象。

b. 转向操纵机构磨损，间隙过大，操纵失灵。

c. 变速箱齿轮轴磨损严重，换挡困难或经常跳挡。

d. 机架主体严重变形或开裂。

e. 行走机构磨损严重，无法正常工作。

f. 制动机械磨损严重，操作失灵，制动能力下降或失效，无法调整。

g. 工作装置磨损严重，操作失灵，不能完成正常的工作量或者作业精度达不到要求。

上述各种情况，均已无法利用调整和小修的方法消除，继续使用将导致严重的事故后果，只有解体大修，才能恢复机械设备的技术性能。有两个以上的总成需修理可视为大修，有 1 个总成需要修理视为中修。

2)机械设备修理方法：就车修理法，总成互换修理法。

3)大修验收

①外部验收检查：主要检查机械设备装配的完美性，其中包括润滑、坚固和渗漏现象的检查。

②空运转或负荷试验：主要试验机械设备的动态性能，包括起动性能、制动性能和安全性能等，验证机械设备是否达到正常使用技术要求，填写“机械设备的试运行记录”。

③机械试验后的复查：主要复查试验后有无不正常现象产生，同时要消除试验中发现的缺陷和故障，进行必要的调整。

④大修验收后要填写“机械设备验收记录”和“机械设备试运转记录”。

4)大修后设备要达到要求(指设备在 7 天保证期内使用应达到的要求)。

①发动机走热后应运转正常,无敲缸及其他不正常响声,不发生拉缸烧瓦等现象,机油压力水温等符合规定,排气烟色正常,出力正常。

②离合器接合平稳,不偏摆。

③各齿轮箱包括变速器、分动器、减速器、差速器以及各种传动轴等,运转时无异响,各部轴承无过热现象,各种油封不漏油,变速箱无自动跳挡、掉挡现象,换挡无困难。

④行走机构行驶平稳,不偏摆。

⑤制动系统磨损正常,不过热,性能稳定可靠。

⑥操作机构与安全装置操作灵活,安全可靠。

⑦工作装置无严重磨损和不正常响声。

⑧机架无变形、破裂。

⑨电动机及电器设备的空载电流和温升要符合要求。

⑩各种仪表指示正常、灵敏可靠。

5)保证责任(7 天保证期)

①在保证期内,如因修理过失而造成严重的设备故障或损坏,由物资设备部维修车间无偿返修。

②其他要求参照大修要求。

(2)中修

1)中修的技术条件:符合机械设备大修的技术条件之一,即为中修。

2)其他要求参照大修要求。

(3)小修

小修是维护性修理,主要消除机械设备在使用中发生的临时性故障和局部损伤,维护设备正常运转。

(4)保养

1)一级保养:指经常性设备需要润滑保养的部位加注润滑油(如钙基润滑脂、齿轮油、机油等),滑单位、润滑点数、润滑周期、润滑油种类、注油方法按设备说明书实施。

2)二级保养:调整、紧固、防腐机械设备,由设备员及机修班负责(简单的由跟机操作工负责)。

3)三级保养:把总成拆开清洗,消除故障,由设备员机修班负责。

3. 施工机械使用费的主要组成

施工机械使用费是指机械作业所发生的机械使用费以及机械安拆费和场外运费。

施工机械使用费计算公式为:

$$施工机械使用费=\sum(施工机械台班消耗量\times机械台班单价)$$

机械台班单价=台班折旧费+台班大修费+台班经常修理费+台班安拆费及场外运费+台班人工费+台班燃料动力费+台班养路费及车船使用税

(1)折旧费:是指施工机械在规定的使用年限内,陆续收回其原值及购置资金的时间价值。

(2)大修理费:指施工机械按规定的大修理间隔台班进行必要的大修理,以回复其正常功能所需的费用。

(3)经常修理费:指施工机械除大修理以外的各级保养和临时故障排除所需的费用。

(4)安拆费及场外运费:安拆费指施工机械在现场进行安装与拆卸所需的人工、材料、机械和试运转费用以及机械辅助设施的折旧、搭设、拆除等费用;场外运费指施工机械整体或分体自停放地点运至施工现场或由一施工地点运至另一施工地点的运输、装卸、辅助材料及架线等费用。

(5)人工费:指机上司机和其他操作人员的工作日人工费及上述人员在施工机械规定的年工作台班以外的人工费。

(6)燃料动力费:指施工机械在运转作业中所消耗的固体燃料(煤、木柴)、液体燃料(汽油、柴油)及水、电等。

(7)其他:指施工机械按照国家规定和有关部门规定应缴纳的车船使用税、保险费及年检费等。

4. 施工机械台班单价计算

(1)折旧费

1) 台班折旧费应按下列公式计算:

$$台班折旧费=\frac{机械预算价格\times(1-残值率)\times贷款利息系数}{耐用总台班}$$

2)国产机械的预算价格应按下列公式计算:

预算价格=机械原值+供销部门手续费和一次运杂费+车辆购置税

①供销部门手续费和一次运杂费可按机械原值的5%计算。

②车辆购置税应按下列公式计算:

车辆购置税=计税价格×车辆购置税率

a. 计税价格=机械原值+供销部门手续费和一次运杂费-增值税

b. 车辆购置税应执行编制期间国家有关规定。

3)进口机械的预算价格应按下列公式计算:

预算价格=到岸价格+关税+增值税+消费税+外贸部门手续费和国内一次运杂费+财务费+车辆购置税

①关税、增值税、消费税及财务费应执行编制期国家有关规定,并参照实际发生的费用计算。

②外贸部门手续费和国内一次运杂费应按到岸价格的6.5%计算。

③车辆购置税应按下列公式计算:

车辆购置税=计税价格×车辆购置税率

a. 计税价格=到岸价格+关税+消费税。

b. 车辆购置税应执行编制期国家有关规定。

4)残值率指施工机械报废时回收其残余价值占机械原值的百分比。

残值率应根据机械不同类型按下列数值确定:

①运输机械:2%;

②掘进机械:5%;

③其他机械:中、小型机械4%,特、大型机械3%。

5)时间价值系数指购置施工机械的资金在施工生产过程中随着时间的推移而产生的单位增值。

时间价值系数应按下列公式计算:

时间价值系数=1+0.5×年折现率×(折旧年限+1)

①年折现率应按编制期银行年贷款利率确定。

②折旧年限指施工机械逐年计提固定资产折旧的期限。折旧年限应在财政部规定的折旧年限范围内确定。

6)耐用总台班指施工机械从开始投入使用至报废前使用的总台班数。

耐用总台班应接施工机械的技术指标及寿命期等相关参数确定。

7)确定折旧年限和耐用总台班时应综合考虑下列关系：

$$折旧年限=耐用总台班/年工作台班$$

其中，年工作台班指施工机械在年度内使用的台班数量。年工作台班应在编制期制度工作日基础上扣除规定的修理、保养及机械利用率等因素确定。

(2)修理费

1)台班大修理费应按下列公式计算：

$$台班大修理费=一次大修理费\times寿命在修理次数/耐用总台班$$

2)一次大修理费指施工机械一次大修理发生的工时费，配件费，辅料费，油燃料费及送修运杂费。

一次大修理费应以《全国统一施工机械保养修理技术经济定额》(以下简称《技术经济定额》)为基础，结合编制期市场价格综合确定。

3)寿命期大修理次数指施工机械在其寿命期(耐用总台班)内规定的大修理次数。

寿命期大修理次数应参照《技术经济定额》确定。

(3)经常修理费

1)台班经常修理费应按下列公式计算：

$$台班经常修理费=\frac{\sum(\frac{各级保养}{一次费用}\times\frac{寿命期各级}{保养总次数})+\frac{临时故障}{排除费用}}{耐用总台班}+替换设备台班摊销费+工具附具台班摊销费+例保辅料费$$

2)各级保养一次费用应以《技术经济定额》为基础，结合编制期市场价格综合确定。

3)寿命期各级保养次数应参照《技术经济定额》确定。

4)临时故障排除费可按各级保养费用之和的3%取定。

5)替换设备和工具附具台班摊销费、例保辅料费的计算应以《技术经济定额》为基础，结合编制期市场价格综合确定。

6)当台班经常修理费计算公式中各项数值难以确定时，台班经常修理费也可按下列公式计算：

$$台班经常修理费=台班大修理费\times K$$

其中，K 为台班经常修理费系数，等于机械台班经常修理费除以机械台班大修理费。

(4)安拆费及场外运费

1)安拆费及场外运费根据施工机械不同分为计入台班单价、单独计算和不计算三种类型。

2)工地间移动较为频繁的小型机械及部分中型机械，其安拆费及场外运费应计入台班单价。

台班安拆费及场外运费应按下列公式计算：

台班安拆费及场外运费=一次安拆费及场外运费×年平均安拆次数/年工作台班

①一次安拆费应包括施工现场机械安装和拆卸一次所需的人工费、材料费、机械费及试运

转费。

②一次场外运费应包括运输、装卸、辅助材料和架线等费用。

③年平均安拆次数应以《技术经济定额》为基础，由各地区（部门）结合具体情况确定。

④运输距离均应按25km计算。

3）移动有一定难度的特、大型（包括少数中型）机械，其安拆费及场外运费应单独计算。

单独计算的安拆费及场外运费除应计算安拆费、场外运费外，还应计算辅助设施（包括基础、底座、固定锚桩、行走轨道枕木等）的折旧、搭设和拆除等费用。

4）不需安装、拆卸且自身又能开行的机械和固定在车间不需安装、拆卸及运输的机械，其安拆费及场外运费不计算。

5）自升式塔式起重机安装、拆卸费用的超高起点及其增加费，各地区（部门）可根据具体情况确定。

（5）人工费

1）人工费应按下列公式计算：

台班人工费＝人工消耗量×（1＋年制度工作日×年工作台班）/年工作台班

2）人工消耗量指机上司机（司炉）和其他操作人员工日消耗量。

3）年制度工作日应执行编制期国家有关规定。

4）人工单价应执行编制期工程造价管理部门的有关规定。

（6）燃料动力费

1）燃料动力费应按下列公式计算：

台班燃料动力费＝∑（燃料动力消耗量×燃料动力单价）

2）燃料动力消耗量应根据施工机械技术指标及实测资料综合确定。

3）燃料动力单价应执行编制期工程造价管理部门的有关规定。

（7）其他费用

1）其他费用应按下列公式计算：

台班其他费用＝（年车船使用税＋年保险费＋年检费用）/年工作台班

2）年车船使用税、年检费用应执行编制期有关部门的规定。

3）年保险费应执行编制期有关部门强制性保险的规定，非强制性保险不应计算在内。

5. 机械设备的机械原值取定

（1）国产机械的机械原值应按下列途径询价、采集：

1）编制期施工企业已购进施工机械的成交价格；

2）编制期国内施工机械展销会发布的参考价格；

3）编制期施工机械生产厂、经销商的销售价格。

（2）国产机械的机械原值应按下列方法取定：

1）对从施工企业采集的成交价格，各地区（部门）可结合具体情况取定机械原值。

2）对从国内施工机械展销会采集的参考价格或从施工机械生产厂、经销商采集的销售价格；各地区（部门）可结合具体情况取定机械原值。

3）对机械类别、性能、规格相同而生产厂不同的施工机械，各地区（部门）可根据施工企业实际购进情况，综合取定机械原值。

（3）进口机械的机械原值应按其到岸价格取定。到岸价格应按外贸、海关等部门的有关资料、施工企业实际购置价格及相应的外汇汇率计算。

(4)各地区(部门)进行机械原值询价、采集时,应统一印制、填写“机械原值询价单”。“机械原值询价单”应包括:机型、规格型号、成交价格、参考价格、销售价格、生产厂和附加说明。

三、机械设备保养

1. 机械设备定期保养的分级与主要内容

(1)定期保养的分级

定期保养,除少数复杂的机械设备外,一般分为三个级别,即一、二、三级保养,各有不同的间隔期。间隔期的长短,是根据机械的工作特点和要求,以及工作条件、零件产生磨损或损坏的规律,通过实际工作经验的积累和科学分析与实验的基础上确定。因此,不论机械状况如何,无论生产任务闲忙,都应按规定的级别、间隔期、项目和要求,执行各级保养。

一般中小型机械的一、二级保养和大型机械的一级保养,被称为低级保养,在现场进行,由机(班)组操作人员负责执行。中小型机械的三级保养和大型机械的二级以上保养(个别机械进行二、四级保养),被称为高级保养,一般是列入保养计划,由修理部门进行。

一般低级保养在半日之内完成。高级保养,中小机械在两日之内完成,大型机械在2～7日完成。除此之外,还有一些特殊的保养,如停放保养、封存保养、走合保养、换季保养和转移前的保养等,均应按各种要求进行。

(2)定期保养的内容

保养工作的主要内容是清洁、紧固、调整、润滑、防腐,简称为“十字作业”。具体到每一种机械,各级保养均有不同的应用范围和要求,但“十字作业”应始终贯穿到各级保养的全部过程中。

1)清洁。清洁就是要求机械各部位保持无油泥、污垢、尘土,特别是发动机的空气、燃油、机油等滤清器要按规定时间检查清洗,防止杂质进入气缸、油道,减少运动零件的磨损。

2)紧固。紧固就是要对机体各部的连接件及时检查紧固。

3)调整。调整就是对机械众多零件的相对关系和工作参数如间隙、行程、角度、压力、流量、松紧、速度等及时进行检查调整,以保证机械的正常运行。

4)润滑。润滑就是按照规定要求,选用并定期加注或更换润滑油,以保持机械运动零件间的良好润滑,减少零件磨损,保证机械正常运转。

5)防腐。防腐就是要做到防潮、防锈、防酸,防止腐蚀机械零部件和电气设备。

2. 机械的特殊保养

机械除定期保养外,还有在特殊情况下的几种保养:

(1)试运转保养是新机或大修后的机械,在投入使用初期进行的一种磨合性保养。内容是加强检查,了解机械的磨合情况。由于这段时间又叫走合期,所以这一次保养又叫走合保养。

(2)换季保养是施工机械每年入夏或入冬前进行的一种适应性换油保养,一般在五月初或十月上旬进行。

(3)停用保养是工程结束后,机械暂时停用,但又不进行封存的一种整理、维护性保养。其作业内容以清洁、整容、配套、防腐为重点,具体内容根据机型、机况、当地气候与实际需要制定。

(4)封存保养是为减轻自然气候对机械的侵蚀,保持机况完好所采取的防护措施。在封存期间需有专人保管和定期保养。启用前应作一次启用检查和保养。封存保养的内容应根据机型、机况和实际情况而定。封存机械一般应放于机库,短期临时封存应用盖布遮护。

3. 机械设备保养计划编制

机管部门根据“计划预期检修制度”和基本原则，负责编制保养计划。编制的具体依据是生产部门的年、月度生产计划，计算各种施工机械的运行小时、公里数及要求的保养间隔期制定保养计划。

机械保养由于工作量少，时间短，次数多，所以一般是按月编制月度机械保养计划，作为机械施工作业计划的组成部分，一并下达执行和检查。

(1)上月的机械保养计划和执行情况。

(2)本月的机械使用作业计划。

(3)各种机械的保养间隔期及停修期。

(4)机械的技术状况。

(5)维修力量和维修物资的储备情况。

保养计划是组织对机械设备进行保养的依据。保养计划按月编制。为了协调机械设备的生产时间和停机保养时间，应将保养计划作为施工生产计划的一个组成部分，在下达施工生产计划时同时下达机械设备保养计划。

保养计划的编制方法：由机械使用单位机械管理部门在每月前根据机械设备运转记录计算出每台机械设备当月应进行的保养级别和保养次数，并查明必须同时进行小修的项目，然后编制月度机械设备保养作业进度计划表。

保养计划的内容包括保养级别、作业日程、占用台日等。保养计划进度表编制后，应与生产计划部门提出的当月需用机械设备情况协调，经批准后纳入月度施工生产计划实施。一般保养费用直接摊入当月成本。

在保养计划的实施中应注意：停机保养一律以机械管理部门下达的保养任务单为准，不得随意提前或推迟停机保养日期。如因生产任务急需而必须推迟执行保养计划时，则应经机械主管领导同意，推迟时间一般不得超过规定保养周期的10%。日常保养和一级保养一般不列入保养计划，但必须加强对日常保养和一级保养质量的检查和监督。对于一、二级保养应尽量安排在施工间歇时间或非生产作业时间进行。保养任务完成后，要认真填写保养记录。对于二级以上的保养，还应由机械管理部门及时审查保养记录，并归入机械技术档案。

正确组织机械设备的定期保养作业，是缩短停修时间、提高机械设备完好率和利用率的有力保证。为使保养工作组织得更好，维修部门应合理安排劳动组织，严格执行技术检验制度，不断完善保养机具和保养工艺，以提高工效，确保质量，降低消耗。

第五章　机械设备的安全管理

机械设备的安全管理关系到人民群众的生命财产问题。现代化施工必须具有现代化的机械设备，这些设备的主要特点是高速、大型、自动化，使用这些机械设备，必须树立牢固的安全意识，以切实作好机械设备的安全生产管理。

第一节　机械设备的安全生产管理

一、安全管理的主要内容

(1)建立健全安全生产责任制

设备的安全直接影响到企业施工生产与安全，设备安全生产责任制是企业岗位责任制的重要内容之一，其指标应列入主要领导的任期目标。落实安全责任制应做到以下几点：

1)认真贯彻执行党和国家有关方针、政策、法令制度，并经常检查执行情况。

2)组织全员的安全教育，特殊工种人员安全培训和安全技术知识教育。

3)建立健全安全生产组织保证体系，树立安全第一思想意识。

4)树立安全第一、预防为主的思想，建立健全安全检查制度化。

5)进行技术交底时，必须有安全措施。

6)加强施工现场的施工安全，施工现场应配备有安全牌或警示牌，沟槽地段应做好维护工作，制定预防措施，保证施工安全生产。

(2)编制安全施工技术措施

编制机械施工方案时，应有保证机械安全的技术措施。对于重型机械的拆装、重大构件的吊装，超重、超宽、超高物件的运输，以及危险地段的施工等，都要编制安全施工、安全运行的技术方案，以确保施工、生产和机械的安全。

在机械保养、修理中，要制定安全作业技术措施，以保障人身和机械安全。在机械及附件、配件等构件的保管中也应制定相应的安全制度。特别是油库和机械库要制定更严格的安全制度和安全标志，确保机械和油料的安全保管。

(3)贯彻执行机械使用安全技术规程

安全操作规程是确保机械设备安全使用的法规性技术文件。主要是根据机械的结构和运转特点，以及安全运行的要求，规定机械使用和操作过程中必须遵守的事项、程序及动作等基本规则。机械施工和操作人员认真执行安全技术规程，以保证机械的安全运行，防止事故的发生。

(4)开展机械安全教育和安全检查

机械安全教育是企业安全生产教育的重要内容，主要是针对专业人员进行具有专业特点的安全教育工作，所以也叫专业安全教育。对各种机械的操作人员，必须进行专业技术培训和机械使用安全技术规程的学习，作为取得操作证的主要考核内容。

定期开展机械安全检查是防止事故的有效措施之一,机械安全检查的主要内容:

1)机械本身的故障和安全装置的检查,主要是消除机械故障和隐患,确保安全装置灵敏可靠。

2)机械安全施工生产的检查,主要是检查施工条件、施工方案、措施是否能确保机械安全施工生产。

3)排污、排废、粉尘和有毒物质等危及人身健康和污染环境的情况。

4)开展百日无事故、安全运行标兵等竞赛活动。此外,还应包括机械安全监督检查制的贯彻执行。

二、引发机械事故的根本原因

机械设备广泛应用于各行各业,对社会经济的发展起到了极其重要的作用。但在机械设备的使用过程中,很容易发生各种各样的事故造成人身伤亡和经济损失,所以机械设备的安全使用非常重要,必须引起人们高度重视。

(1) 发生事故的直接原因

1)机械本身处于安全状态。当设备本身有缺陷,如设备本身结构不合理、设计强度不够或设备上应有的防护、保险、信号等装置缺乏或有缺陷,都可以引发事故。例如起重机上的起重力矩限制器、行走极限位置限制器,汽车上的刹车系统、喇叭、尾灯等。

2)生产场地环境不良。当设备作业场地光照不足或有烟尘而造成视物不清,作业场地狭窄、杂乱、地面泥泞等因素都可能引发事故,例如水电施工中隧洞挖掘、发电机厂房建设、混凝土浇筑仓面等施工现场都存在上述问题。

3) 作业工序安排不合理,交叉、重叠作业都容易酿成事故。

4) 操作者的不正确行为,比如操作错误、违反操作规程、忽视必要的个人防护、攀坐不安全位置、无意或为排除故障而接近危险部位等都可能引发事故。

(2)发生事故的间接原因

1) 机械设计、制造方面。由于机械设计者经验不足或考虑不周而使所设计的机械结构不合理、构件强度或刚度不够、材料选用不当、某些重要部位应设置而未设置安全装置等;机械制造及组装时零件连接不够牢固、加工质量不合要求,某些配合关系不正确,旋转零件不平衡,地脚栓未拧紧,设备内有异物等情况,这些都可能成为设备发生事故的原因。

2) 设备维护保养方面。设备运行一段时间以后,对某些零件应及时修理或更换,某些配合关系应定时进行调整,定时加注或更换润滑油。不允许设备超负荷运行或带病运行。如以上工作不能按规范做好,机械就可能在运行中发生事故而造成损失。

3) 运行维护人员的教育培训方面。有些设备操作和维修人员未经必要的培训就上岗,他们对设备的构造和工作原理不清楚,业务素质低,缺乏安全意识和自我保护能力。有些人员敬业精神不强,工作态度不够认真,操作时注意力不集中或情绪不稳定等。这些都可能造成设备事故。

4) 管理方面。安全生产的规章制度不健全,或有规章但不严格执行,对设备的技术状况心中无数,只重生产、忽视安全等,这些情况势必会使生产过程增加不安全因素,容易导致事故的发生。

三、重大机械设备事故防止措施

(1)强化机械操作人员及相关施工人员的安全意识,牢固树立"安全第一,预防为主"的思想。

(2)每项工程开工前进行危险点预测,采取防范措施,并进行详细交底,将责任落实到人,确保机械设备在施工全过程中的安全。

(3)坚持持证上岗制度,起重机械的操作、指挥等特殊作业人员,必须由经过具有相应资质的机关培训并取得合格证书的人员担任。

(4)起重机械的操作人员及配合作业的相关人员必须进行专业培训,掌握相关的安全操作规程,了解该机性能、构造及专业维修技术,熟悉捆绑、拴挂要求和正确的指挥信号。

(5)确保安全保护装置齐全有效,在安全保护装置失效或临时解除未恢复之前必须停止作业,并加强监护。

(6)起重机械的操作、指挥人员必须具有高度事业心和责任心,严格遵守操作规程和指挥程序,杜绝违章操作和违章指挥,对无证指挥和违反安全操作规程可能引起机械损伤或机械事故的指挥,操作工必须拒绝执行。

(7)起重机械安全保护装置定期检查形成制度,各车操作工必须每天例行检查,施工处每周组织一次检查,发现问题,落实到人,限期整改,并认真作好整改记录。

(8)严格执行"机械交接班制度",并认真作好交接班记录。

(9)加大对报废延期使用和已到大修间隔期而因各种原因未安排大修等超期服役机械的监测和检查力度,定期组织具备资质的检验监测机构对其进行检验,确保机械经常处于良好的技术状态。

(10)进一步加强修理人员的技能培训,提高修理人员的业务素质和工作责任心,认真作好修理记录和验收记录,责任落实到人,杜绝因修理不当造成的机械损伤和机械设备事故。特别是起重机械的修理,修理人员应当了解其结构性能及修理工艺和安全方面的要求,严禁违章蛮干。

(11)塔式起重机、龙门式起重机、履带式起重机、装载机、推土机、挖掘机、混凝土拖泵、混凝土搅拌楼等大型机械设备项目工地间的转移,同样必须办理调拨手续,指定专人负责,制定具体的装卸措施和封车措施,并与运输单位签定运输协议,分清责任,确保装卸和运输全过程的安全。

(12)加大机械设备的维护保养力度,确保机械设备经常处于良好的技术状况,严禁机械设备带病运行。

(13)加强操作监护和起重指挥监护,不能以人员少任务重等任何理由而不安排监护人员,安排的监护人员应尽职尽责,起到应有的监护责任,确保施工全过程的安全。

(14)机械设备的使用必须严格遵守操作、使用和维护规程,严禁拼装设备和超负荷使用。因工程需要必须超负荷使用时,应经精确计算,采取可靠的安全技术措施并经总工签字,有关部门批准后并在有关部门监护下方可实施。

(15)各机械使用部门认真组织"反违章,反事故"讨论和学习,总结交流经验,吸取教训,解决机械操作人员及相关配合人员的认识问题,消除松懈麻痹思想和侥幸心理,牢固树立安全第一的思想。

总之,机械设备的安全使用与管理是一个复杂的综合性课题,除了把好管、用、养、修关之外，还必须做到领导重视，各级机械管理人员、机械操作人员、维修人员及相关配合人员之间责任明确，并注重强化机务人员的安全意识，提高业务素质和技术水平，真正做到“预防为主”。

第二节　机械设备的事故管理

一、事故等级划分

(1)根据事故造成的人员伤亡、直接经济损失、列车脱轨辆数、中断铁路行车时间等情形，事故等级分为特别重大事故、重大事故、较大事故和一般事故。

(2)有下列情形之一的，为特别重大事故：

1)造成 30 人以上死亡，或者 100 人以上重伤(包括急性工业中毒，下同)，或者 1 亿元以上直接经济损失的；

2)繁忙干线客运列车脱轨 18 辆以上并中断铁路行车 48 小时以上的；

3)繁忙干线货运列车脱轨 60 辆以上并中断铁路行车 48 小时以上的。

(3)有下列情形之一的，为重大事故：

1)造成 10 人以上 30 人以下死亡，或者 50 人以上 100 人以下重伤，或者 5 000 万元以上 1 亿元以下直接经济损失的；

2)客运列车脱轨 18 辆以上的；

3)货运列车脱轨 60 辆以上的；

4)客运列车脱轨 2 辆以上 18 辆以下，并中断繁忙干线铁路行车 24 小时以上或者中断其他线路铁路行车 48 小时以上的；

5)货运列车脱轨 6 辆以上 60 辆以下，并中断繁忙干线铁路行车 24 小时以上或者中断其他线路铁路行车 48 小时以上的。

(4)有下列情形之一的，为较大事故：

1)造成 3 人以上 10 人以下死亡，或者 10 人以上 50 人以下重伤，或者 1 000 万元以上 5 000万元以下直接经济损失的；

2)客运列车脱轨 2 辆以上 18 辆以下的；

3)货运列车脱轨 6 辆以上 60 辆以下的；

4)中断繁忙干线铁路行车 6 小时以上的；

5)中断其他线路铁路行车 10 小时以上的。

(5)造成 3 人以下死亡，或者 10 人以下重伤，或者 1 000 万元以下直接经济损失的，为一般事故。

二、一般事故分类

一般事故分为一般 A 类事故、一般 B 类事故、一般 C 类事故、一般 D 类事故。

(1)有下列情形之一，未构成较大以上事故的，为一般 A 类事故：

A1 造成 2 人死亡。

A2 造成 5 人以上 10 人以下重伤。

A3 造成 500 万元以上 1 000 万元以下直接经济损失。

A4 列车及调车作业中发生冲突、脱轨、火灾、爆炸、相撞，造成下列后果之一的：

A4.1 繁忙干线双线之一线或单线行车中断 3 小时以上 6 小时以下，双线行车中断 2 小时以上 6 小时以下。

A4.2 其他线路双线之一线或单线行车中断 6 小时以上 10 小时以下，双线行车中断 3 小时以上 10 小时以下。

A4.3 客运列车耽误本列 4 小时以上。

A4.4 客运列车脱轨 1 辆。

A4.5 客运列车中途停车 2 辆以上。

A4.6 客车报废 1 辆或大破 2 辆以上。

A4.7 机车大破 1 台以上。

A4.8 动车组中破 1 辆以上。

A4.9 货运列车脱轨 4 辆以上 6 辆以下。

(2)有下列情形之一，未构成一般 A 类以上事故的，为一般 B 类事故：

B1 造成 1 人死亡。

B2 造成 5 人以下重伤。

B3 造成 100 万元以上 500 万元以下直接经济损失。

B4 列车及调车作业中发生冲突、脱轨、火灾、爆炸、相撞，造成下列后果之一的：

B4.1 繁忙干线行车中断 1 小时以上。

B4.2 其他线路行车中断 2 小时以上。

B4.3 客运列车耽误本列 1 小时以上。

B4.4 客运列车中途停车 1 辆。

B4.5 客车大破 1 辆。

B4.6 机车中破 1 辆。

B4.7 货运列车脱轨 2 辆以上 4 辆以下。

(3)有下列情形之一，未构成一般 B 类以上事故的，为一般 C 类事故：

C1 列车冲突。

C2 货运列车脱轨。

C3 列车火灾。

C4 列车爆炸。

C5 列车相撞。

C6 向占用区间发出列车。

C7 向占用线接入列车。

C8 未准备好进路接、发列车。

C9 未办或错办闭塞发出列车。

C10 列车冒进信号或越过警冲标。

C11 机车车辆溜入区间或站内。

C12 列车中机车车辆断轴，车轮崩裂，制动梁、下拉杆、交叉杆等部件脱落。

C13 列车运行中碰撞轻型车辆、小车、施工机械、机具、防护栅栏等设备设施或路料、坍体、落石。

C14 接触网、接触线断线、倒杆或塌网。

C15 关闭折角塞门发出列车或运行中关闭折角塞门。

C16 列车运行中刮坏行车设备设施。

C17 列车运行中设备设施、装载货物(包括行包、邮件)、装载加固材料(或装置)超限(含按超限货物办理超过电报批准尺寸的)或坠落。

C18 装载超限货物的车辆按装载普通货物的车辆编入列车。

C19 电力机车、动车组带电进入停电区。

C20 错误向停电区段的接触网供电。

C21 电气化区段攀爬车顶耽误列车。

C22 客运列车分离。

C23 发生冲突、脱轨的机车车辆未按规定检查、鉴定编入列车。

C24 无调度命令施工,超范围施工,超范围维修作业。

C25 漏发、错发、漏传、错传调度命令导致列车超速运行。

(4)有下列情形之一,未构成一般 C 类以上事故的,为一般 D 类事故:

D1 调车冲突。

D2 调车脱轨。

D3 挤道岔。

D4 调车相撞。

D5 错办或未及时办理信号致使列车停车。

D6 错办行车凭证发车或耽误列车。

D7 调车作业碰轧脱轨器、防护信号,或未撤防护信号动车。

D8 货运列车分离。

D9 施工、检修、清扫设备耽误列车。

D10 作业人员违反劳动纪律、作业纪律耽误列车。

D11 滥用紧急制动阀耽误列车。

D12 擅自发车、开车、停车、错办通过或在区间乘降所错误通过。

D13 列车拉铁鞋开车。

D14 漏发、错发、漏传、错传调度命令耽误列车。

D15 错误操纵、使用行车设备耽误列车。

D16 使用轻型车辆、小车及施工机械耽误列车。

D17 应安装列尾装置而未安装发出列车。

D18 行包、邮件装卸作业耽误列车。

D19 电力机车、动车组错误进入无接触网线路。

D20 列车上工作人员往外抛掷物体造成人员伤害或设备损坏。

D21 行车设备故障耽误本列客运列车 1 小时以上,或耽误本列货运列车 2 小时以上;固定设备故障延时影响正常行车 2 小时以上(仅指正线)。

除以上规定外,国务院铁路主管部门可以对一般事故的其他情形作出补充规定。因事故死亡、重伤人数 7 日内发生变化,导致事故等级变化的,相应改变事故等级。

三、机械设备事故调查、分析与处理

(一)向有关单位报告事故

(1)事故发生后,事故现场的铁路运输企业工作人员或者其他人员应当立即向邻近铁路车

站、列车调度员、公安机关或者相关单位负责人报告。有关单位和人员接到报告后，应立即将事故情况向企业负责人和事故发生地安全监管办安全监察值班人员报告，安全监管办安全监察值班人员按规定向安全监管办负责人报告。

(2)铁路运输企业列车调度员要认真填写"铁路交通事故(设备故障)概况表"，分别向事故发生地安全监管办安全监察值班人员、铁道部列车调度员报告。

事故发生地安全监管办安全监察值班人员接到"铁路交通事故(设备故障)概况表"或现场事故报告后，要立即填写"铁路交通事故基本情况表"，并向铁道部安全监察司值班人员报告。报告后要进一步了解事故情况，及时补报"铁路交通事故基本情况表"。

(3)涉及其他安全监管办辖区的事故，发生地安全监管办安全监察值班人员应及时将"铁路交通事故基本情况表"传送至相关安全监管办的安全监察部门。

(4)铁道部列车调度员接到事故报告后，应及时收取或填写"铁路交通事故(设备故障)概况表"，并立即向值班处长和安全监察司值班人员报告；值班处长、安全监察司值班人员按规定分别向本部门负责人、铁道部办公厅部长办公室报告，由部门负责人向部领导报告。事故涉及其他部门时，由办公厅部长办公室通知相关部门负责人。

(5)发生特别重大事故、重大事故，由铁道部办公厅负责向国务院办公厅报告，并通报国家安全生产监督管理总局等有关部门。

发生特别重大事故、重大事故、较大事故或者有人员伤亡的一般事故，安全监管办应向事故发生地县级以上地方人民政府及其安全生产监督管理部门通报。

(6)事故报告的主要内容：

1)事故发生的时间、地点、区间(线名、公里、米)、线路条件、事故相关单位和人员。

2)发生事故的列车种类、车次、机车型号、部位、牵引辆数、吨数、计长及运行速度。

3)旅客人数，伤亡人数、性别、年龄以及救助情况，是否涉及境外人员伤亡。

4)货物品名、装载情况，易燃、易爆等危险货物情况。

5)机车车辆脱轨辆数、线路设备损坏程度等情况。

6)对铁路行车的影响情况。

7)事故原因的初步判断，事故发生后采取的措施及事故控制情况。

8)应当立即报告的其他情况。

(7)事故报告后，人员伤亡、脱轨辆数、设备损坏等情况发生变化时，应及时补报。

(8)事故现场通话按"117"立接制应急通话级别办理。

(9)铁道部、安全监管办、铁路运输企业应向社会公布事故报告值班电话，受理事故报告和举报。

(二)进行事故调查

1. 组织事故调查组

(1)特别重大事故按《铁路交通事故应急救援和调查处理条例》规定由国务院或国务院授权的部门组织事故调查组进行调查。

(2)重大事故由铁道部组织事故调查组进行调查。调查组组长由铁道部负责人或指定人员担任，安全监察司、运输局、公安局等部门和铁道部派出机构、相关安全监管办等部门(单位)派员参加。

(3)较大事故和一般事故由事故发生地安全监管办组织事故调查组进行调查。调查组组长由安全监管办负责人或指定人员担任，安全监管办安全监察部门、有关业务处室、公安机关等部门派员参加。

铁道部认为必要时,可以参与或直接组织对较大事故和一般事故进行调查。

(4)根据事故的具体情况,事故调查组还可由工会、监察机关有关人员以及有关地方人民政府、公安机关、安全生产监督管理部门等单位派人组成,并应当邀请人民检察院派人参加。事故调查组认为必要时,可以聘请有关专家参与事故调查。

(5)发生一般B类以上、重大以下事故(不含相撞的事故),涉及其他安全监管办辖区时,事故发生地安全监管办应当在事故发生后12小时内发出电报通知相关安全监管办。相关安全监管办接到电报后,应当立即派员参加事故调查组。

(6)自事故发生之日起7日内,因事故伤亡人数变化导致事故等级发生变化,依照《铁路交通事故应急救援和调查处理条例》规定由上级机关调查的,原事故调查组应当及时报告上级机关。

2. 开展事故调查

(1)事故调查组履行下列职责:

1)查明事故发生的经过、原因、人员伤亡情况及直接经济损失。

2)认定事故的性质和事故责任。

3)提出对事故责任者的处理建议。

4)总结事故教训,提出防范和整改措施建议。

5)提交事故调查报告。

(2)事故调查组在事故发生后应当及时通知相关单位和人员。一般B类以上、重大以下的事故(不含相撞的事故)发生后,应当在12小时内通知相关单位,接受调查。

(3)事故调查组到达现场前,组织事故调查组的机关可指定临时调查组组长,组成临时调查组,勘察现场,掌握人员伤亡、机车车辆脱轨、设备损坏等情况,保存痕迹和物证,查找事故线索及原因,作好调查记录,及时向事故调查组报告。

(4)事故调查组到达后,发生事故的有关单位必须主动汇报事故现场真实情况,并为事故调查提供便利条件。事故发生单位的负责人和有关人员在事故调查期间应当随时接受事故调查组的询问,如实提供有关资料和物证。

事故调查组有权向有关单位和个人了解与事故有关的情况,并要求其提供相关文件、资料,有关单位和个人不得拒绝。

(5)事故调查组根据需要,可组建若干专业小组,进行调查取证。

1)搜集事故现场物证、痕迹,测量并按专业绘制事故现场示意图,标注现场设备、设施、遗留物的名称、尺寸、位置、特征等。

需要搬动伤亡者、移动现场物体的,应做出标记,妥善保存现场的重要痕迹、物证;暂时无法移动的,应予守护,并设明显标志。

2)询问事故当事人及相关人员,收取口述、笔述、笔录、证照、档案,并复制、拍照。不能书写书面材料的,由事故调查组指定人员代笔记录并经本人签认。无见证人或者当事人、相关人员拒绝签字的,应当记录在案。

3)对事故现场全貌、方位、有关建筑物、相关设备设施、配件、机动车、遗留物、致害物、痕迹、尸体、伤害部位等进行拍照、摄像。及时转储、收存安全监控、监测、录音、录像等设备的记录。

4)收取伤亡人员伤害程度诊断报告、病理分析、病程救治记录、死亡证明、既往病历和健康档案资料等。

5)对有涂改、灭失可能或以后难以取得的相关证据进行登记封存。

6)查阅有关规章制度、技术文件、操作规程、调度命令、作业记录、台账、会议记录、安全教育培训记录、上岗证书、资质证书、承(发)包合同、营业执照、安全技术交底资料等,必要时将原件或复印件附在调查记录内。

7)对有关设备、设施、配件、机动车、器具、起因物、致害物、痕迹、现场遗留物等进行技术分析、检测和试验,组织笔迹鉴定,必要时组织法医进行尸表检验或尸体解剖,并写出专题报告。

8)脱轨事故发生后,在全面调查的基础上,必要时应对事故地点前后一定长度范围内的线路设备进行检查测量,并调阅近期内该段线路质量检测情况;对事故地点前方(列车运行相反方向)一定长度的线路范围内,有无机车车辆配件脱落、刮碰行车设备的痕迹等进行检查,对脱轨列车中有关的机车车辆进行检查测量,并调阅脱轨机车车辆近期内运行情况监测记录。

(6)事故调查中需要对相关的铁路设备、设施进行技术鉴定或者对财产损失状况以及中断铁路行车造成的直接经济损失进行评估的,事故调查组应当委托具有国家规定资质的机构进行技术鉴定或者评估。技术鉴定或者评估所需时间不计入事故调查期限。

(三)现场救援

1. 一般事故现场救援

(1)现场救援工作实行总指挥负责制,按照事故应急救援响应等级,由相应负责人担任总指挥,或者视情况由上级事故应急救援工作机构指定人员担任临时总指挥,统一指挥现场救援工作。各工作组及参加事故应急救援的单位、部门应当确定负责人。

现场总指挥以及参加事故应急救援的各工作组负责人、各单位和部门负责人、作业人员应当区别佩戴明显标志。

(2)现场指挥部应当在全面了解情况后,确定人员施救、现场保护、调查配合、货物处置、救援保障、起复救援、设备抢修等应急救援方案,并迅速组织实施。

在实施救援过程中,各单位、部门应当严格执行作业规范和标准,防止衍生事故。

(3)事故发生后,运输调度部门应当根据需要及时发布各类救援调度命令。重点安排救援列车出动和救援物资运输。需要其他铁路运输企业出动救援列车时,由铁道部发布调度命令。

(4)事故造成人员伤亡时,现场指挥部应当立即组织协调对现场伤员进行救治,紧急调集有关药品器械,迅速将伤员转移至安全地带或者转移救治,采取必要的卫生防疫措施。

遇有重大人员伤亡或者需要大规模紧急转移、安置铁路旅客和沿线居民的,应当及时通知事发地人民政府组织开展救治和转移、安置工作,必要时可以由铁道部或者安全监管办进行协调。

(5)现场指挥部应当根据需要迅速调集装备设施、物资材料、交通工具、食宿用品、药品器械等救援物资。铁路运输企业各单位、部门必须无条件支持配合,不得以各种理由推诿拒绝,延误救援工作。

物资调用超出铁路运输企业自身能力时,可以向有关单位、部门或者个人借用。

(6)事故涉及货运列车时,货运部门应当迅速了解事故货车及相关货车的货物装载情况,组织调集装卸人员和机具清理事故货车及相关货车装载的货物,处置事故列车挂运的危险、鲜活易腐等货物,编制货运记录。

(7)事故应急救援需要通信保障时,通信部门应当在接到通知后根据需要立即启用“117”应急通信人工话务台,组织开通应急通信系统。事故发生在站内,应当在30分钟内开通电话、1小时内开通图像传输设备。事故发生在区间,应当在1小时内开通电话、2小时内开通图像传输设备。并指定专人值守,保证事故现场音频、视频和数据信息的实时传输,任何人不得干扰、阻碍事故信息采集和传输。

(8)事故造成铁路设备、设施损坏时，有关专业部门应当立即组织抢修，根据实际情况及时切断事故现场电源，拆除、拨移和恢复接触网，及时架设所需照明，调集足够的救援队伍、材料和机具，积极组织抢修损坏的线路、通信信号等行车设备设施，协助事故机车车辆的起复。

(9)事故遇有装载危险货物车辆时，现场指挥部应当在采取确保人身安全和作业安全措施后，方可开展救援。危险货物车辆需卸车、移动或者起复时，应当在专业人员指导下作业，及时清除有害残留物或者将其控制在安全范围内。必要时，由安全监管办协调环保监测部门及时检测有害物质的危害程度，采取防控措施。

(10)公安机关应当组织解救和疏散遇险人员，设置现场警戒区域，阻止未经批准人员进入现场，指定专人进行现场勘查取证，必要时实施现场交通管制，负责事故现场旅客、货物及沿线滞留列车的安全保卫工作。

(11)事故应急救援过程中，有关单位和个人应当妥善保护事故现场以及相关证据，并及时移交事故调查组。因应急救援需要改变事故现场时，应当做出标记、绘制现场示意图、制作现场视听资料，并做出书面记录。任何单位和个人不得破坏事故现场，不得伪造、隐匿或者毁灭相关证据。

(12)事故救援完毕后，现场指挥部应当组织救援人员对现场进行全面检查清理，进一步确认无伤亡人员遗留，拆除、回收、移送救援设备设施，清除障碍物，确认具备开通条件后，立即通知有关人员按规定办理手续，由列车调度员发布调度命令开通线路，尽快恢复正常行车。

2. 重大施工机械设备事故应急救援

(1)应急准备

1)培训：工程技术部和项目部对进场设备安装、机械操作人员进行安全教育和培训，认真讲解“机械设备的性能及特点”、“机械设备维修规章制度”及“发生紧急情况急救措施和报告办法”并作好记录。

2)重大机械设备保险：必要时应对重大机械设备购买保险。

3)设备租赁站的沟通：工程技术部建立合格的设备租赁商、供应商名册，随时了解其货源情况，以备施工不时之需。

(2)应急程序

1)工地发生重大设备事故后，应立即报告工程技术部，同时启动应急程序。

2)应急领导小组成员在第一时间内立即赶赴现场，组织工作。

3)对于伤亡人员按“人员伤亡事故应急”规定处理。

4)应急小组踏勘现场，调查取证，根据机械设备损坏情况提出处理方案，报总工程师批准后实施。

(3)恢复生产

工程技术部、项目部按批准方案，将损坏的机械设备撤出并清理现场；项目部紧急调运相应机械设备，以保证施工正常运行。

(四)事故调查报告

各专业小组应按调查组组长的要求，及时提交专业小组调查报告。调查组组长应组织审议专业小组调查报告，并研究形成“铁路交通事故调查报告”，由调查组所有成员签认。调查组成员意见不一致时，应在事故报告中分别进行表述，报组织调查的机关审议、裁定。

(1)“铁路交通事故调查报告”应包括下列内容：

1)事故概况。

2)事故造成的人员伤亡和直接经济损失。

3)事故发生的原因和事故性质。

4)事故责任的认定以及对事故责任者的处理建议。

5)事故防范和整改措施建议。

6)与事故有关的证明材料。

(2)事故调查组应在下列期限内向组织事故调查组的机关提交"铁路交通事故调查报告":

1)特别重大事故的调查期限为60日。

2)重大事故的调查期限为30日。

3)较大事故的调查期限为20日。

4)一般事故的调查期限为10日。

事故调查期限自事故发生之日起计算。

事故调查组形成"铁路交通事故调查报告",报组织事故调查的机关同意后,事故调查组的工作即告结束。铁道部、安全监管办的安全监察部门应在事故调查组工作结束后15日之内,根据事故报告,制作"铁路交通事故认定书",经批准后,送达相关单位。

一般B类以上、重大以下事故(相撞事故为较大事故)的档案材料,应报铁道部备案(3份)。

(五)事故处理

1. 事故责任判定

(1)事故分为责任事故和非责任事故。

事故责任分为全部责任、主要责任、重要责任、次要责任和同等责任。

(2)铁路运输企业或相关单位发布的文电,违反法律法规、铁道部规章或铁路相关技术标准和作业标准等,直接导致事故发生的,定发文电单位责任。

(3)因设备管理不善造成的事故,定设备管理单位责任。

(4)因产品质量不良造成事故,属设计、制造、采购、检修等单位责任的,定相关单位责任;应采用经行政许可或强制认证的产品而采用其他产品的,追究采用单位责任;采购不合格或不达标产品的,追究采购单位责任。

(5)自然灾害原因导致的事故,因防范措施不到位,定责任事故。确属不可抗力原因导致的事故,定非责任事故。

(6)营业线施工中发生责任事故,属工程建设、设计、监理、施工等原因造成的,定上述相关单位责任,同时追究设备管理单位责任。

已经竣工验收的设备,因质量问题发生责任事故,确属工程建设、设计、施工、监理等单位责任的,定上述相关单位责任;属设备管理不善的,定设备管理单位责任。

(7)涉嫌人为破坏造成的事故,在公安机关确认前,定发生单位责任事故;经公安机关确认属人为破坏原因造成的,定发生单位非责任事故。

(8)机车车辆断轴造成事故,由于探测、监测工作人员违章违纪或设备不良、管理不善等原因造成漏报、误报或预报后未及时拦停列车的,定相关单位责任。由于货物超载、偏载造成车辆断轴事故,定装车站或作业站责任。

(9)因列车折角塞门关闭造成事故,无法判明责任的定发生地铁路运输企业责任事故。

(10)错误办理行车凭证发车或耽误列车事故的责任划分:司机起动列车,定车务、机务单位责任；司机发现未动车，定车务单位责任；通过列车司机未及时发现，定车务、机务单位责任；司机发现及时停车，定车务单位责任。

(11)应停车的客运列车错办通过，定车站责任；在区间乘降所错误通过，定机务单位责任。

(12)因断钩导致列车分离事故，断口为新痕时定机务单位责任(司机未违反操作规程的除外)，断口旧痕时定机车车辆配属或定检单位责任；机车车辆车钩出现超标的砂眼、夹渣或气孔等铸造缺陷定制造单位责任。

未断钩造成的列车分离事故根据具体情况进行分析定责。

(13)因货物装载加固不良造成事故，定货物承运单位责任；属托运人自装货物的，定托运人责任，货物承运单位监督检查失职的，追究货物承运单位同等责任。因调车作业超速连挂和“禁溜车”溜放等造成货物装载加固状态破坏而引发的事故，定违章作业站责任；因押运人员在运输途中随意搬动货物和降低货物装载加固质量而引发的事故，定押运人员所在单位责任，货物承运单位管理失职的，追究同等责任；货检人员未认真履行职责的，追究货检人员所在单位同等责任。因卸车质量不良造成事故，定卸车单位责任，同时追究负责检查的单位责任。

(14)自轮运转设备编入列车因质量不良发生事故时，定设备配属单位责任；过轨检查失职的，定检查单位责任；违规挂运的，定编入或同意放行的单位责任。

(15)因临时租(借)用其他单位的设备设施、人员，发生事故，定使用单位责任。

产权单位委托其他单位维修设备设施，因维修质量不良造成事故，定维修单位责任；产权单位管理不善的，追究其同等责任。

(16)凡经铁道部批准或铁路运输企业批准并报铁道部核备后的技术革新项目、科研项目在运营线上试验时，在限定的试验期限内确因试验项目本身原因发生事故，不定责任事故；但由于违反操作规程以及其他人为因素造成的事故，定责任事故。

(17)事故发生后，因发生单位未如实提供情况，导致不能查明事故原因和判定责任的，定发生单位责任。

(18)事故涉及两个以上单位管理的相关设备，设备质量均未超过临修或技术限度时，按事故因果关系进行推断，确定责任单位。

(19)事故调查组未及时通知有关单位接受事故调查，不得定有关单位责任。有关单位接到通知后，应派员而未派员接受事故调查的，事故调查组可以直接定责。

(20)铁路作业人员在从事与行车相关的作业过程中，不论作业人员是否在其本职岗位，由于违反操作规程、作业纪律，或铁路运输生产设备设施、劳动条件、作业环境不良，或安全管理不善等造成伤亡，定责任事故。具体情形按以下规定办理：

1)乘务人员及其他作业人员在企业内候班室、外地公寓、客车宿营车等处候班、间休期间，因违章违纪、设备设施不良等造成伤亡，定有关单位责任。

2)作业人员在疏导道口、引导或帮助旅客上下车、维持站车秩序过程中被列车撞轧而伤亡的，定作业人员所在单位责任。

3)事故发生过程中，作业人员在避险或进行事故抢险时因违章作业再次发生伤亡，应按同一件事故定责；事故过程已终止，在事故救援、抢修、复旧及处理中又发生事故导致伤亡的，按另一件事故定责。

4)铁路运输企业所属临管铁路发生的责任伤亡事故，定该企业责任事故。

5)作业人员在工作或间歇时间擅自动用铁路运输设备设施、工具等导致伤亡的，定该作业人员所在单位责任事故，同时追究设备设施配属(或管理)单位的责任。

6)作业人员因患有职业禁忌症而导致行为失控,造成伤亡的,定该作业人员所在单位责任。

7)两个及以上铁路运输企业在交叉作业中发生伤亡,定主要责任单位事故;若各方责任均等,定伤亡人员所在单位责任,同时追究其他相关单位责任。若各方责任均等且均有人员伤亡,分别定责任事故。

(21)作业人员发生伤亡,经二级以上医院、急救中心诊断或经法医检验、解剖,证明系因脑溢血、心肌梗塞、猝死等突发性疾病所致,并按事故处理权限得到事故调查组确认的,不定责任事故。医院等级不够的,须经法医进行尸表检验或尸体解剖鉴定。法医尸检或解剖鉴定报告结论不确定的,定责任事故。

(22)作业人员伤亡事故原因不清,或公安机关已立案但尚无明确结论的,定责任事故。暂时不能确定事故性质、责任的,按待定办理。若跨年度仍不能确定或处理时间超过法定期限的,定伤亡人员所在单位责任。在年度统计截止前,该事故已查清并作出与原处理决定相反结论的,可向原处理部门申请更正。

(23)铁路机车车辆与行人、机动车、非机动车、牲畜及其他障碍物相撞造成事故,按以下规定判定责任:

1)事故当事人违章通过平交道口或者人行过道,或者在铁路线路上行走、坐卧造成人身伤亡,定事故当事人责任。

2)事故当事人逃逸或者有证据证明当事人故意破坏、伪造现场、毁坏证据,定事故当事人责任。

3)事故当事人违反国家法律法规,有明显过失的,按过错的严重程度,分别承担责任。

(24)铁道部、安全监管办有关部门及其人员未能依法履行职责,发生下列情形之一的,应当追究其行政责任。涉嫌犯罪的,移送司法机关处理。

1)违反国家公布的技术标准或铁道部颁布的规章、技术管理规程和作业标准,擅自公布部门技术标准,导致事故发生的,追究相关部门及其人员的责任。

2)在实施行政许可、强制认证、技术审查或鉴定,以及产品设备验收等监督管理职责的过程中,违反法定权限、法定程序和有关规定,或对相关产品设备等监督检查不力,造成不合格、不达标产品设备等投入运用,导致事故发生的,追究相关部门及其人员的责任。

2. 事故损失认定

(1)“铁路交通事故认定书”是事故赔偿、事故处理以及事故责任追究的依据。

“铁路交通事故认定书”应按照铁道部规定的统一格式制作,内容包括:

1)事故发生的原因和事故性质。

2)事故造成的人员伤亡和直接经济损失。

3)事故责任的认定。

4)对有关责任单位及人员的处理决定或建议。

(2)事故责任单位接到“铁路交通事故认定书”后,于7日内,填写“铁路交通事故处理报告表”,按规定报送“铁路交通事故认定书”制作机关,并存档。

(3)下列费用列入事故直接经济损失:

1)铁路机车车辆、线路、桥隧、通信、信号、供电、信息、安全、给水等设备设施的损失费用。报废设备按报废设备账面净值计算,或按照市场重置价计算;破损设备设施按修复费用计算。

2)铁路运输企业承运的行包、货物的损失费用。

3)事故中死亡和受伤人员的处理、处置、医治等费用(不含人身保险赔偿费用)。

4)被撞机动车、非机动车、牲畜等财产物资,造成的报废或修复费用。

5)行车中断的损失费用。

6)事故应急处置和救援费用。

7)其他与事故直接有关的费用。

(4)有作业人员伤亡的,直接经济损失统计范围。

(5)负有事故全部责任的,承担事故直接经济损失费用的100%;负有主要责任的,承担损失费用的50%以上;负有重要责任的,承担损失费用的30%以上、50%以下;负有次要责任的,承担损失费用的30%以下。

有同等责任、涉及多家责任单位承担损失费用时,由事故调查组根据责任程度依次确定损失承担比例。

负同等责任的单位,承担相同比例的损失费用。

3. 事故统计与分析

(1)铁道部、安全监管办、铁路运输企业及基层单位应按照《铁路交通事故应急救援和调查处理条例》规定,建立事故统计分析制度,健全统计分析资料,并按规定及时报送。

各级安全监察部门负责事故统计分析报告的日常工作,并负责监督指导有关部门(单位)做好事故统计分析报告工作。

(2)事故的统计报告应当坚持及时、准确、真实、完整的原则。

(3)事故的统计应按照事故类别、等级、性质、原因、部门、责任等项目分别进行统计。

(4)每日事故的统计时间,由上一日18时至当日18时止。但填报事故发生时间时,应以实际时间为准,即以零点改变日期。

(5)责任事故件数统计在负全部责任、主要责任的单位,非责任事故和待定责事故件数统计在发生单位,相撞事故统计在发生单位。

负同等责任或追究同等责任的,在总数中不重复统计件数。

(6)一起事故同时符合两个以上事故等级的,以最高事故等级进行统计。

(7)发生人员伤亡的事故应按以下规定统计:

1)人员在事故中失踪,至事故结案时仍未找到的,按死亡统计。

2)事故受伤人员因正常手术治疗而加重伤害程度的,按手术后的伤害程度统计。

3)事故受伤人员经救治无效,在7日内死亡,按死亡统计;经医疗事故鉴定委员会确认为医疗事故的,或7日后死亡的,按原伤害程度统计。

4)事故受伤人员在7日内由轻伤发展成重伤的,按重伤统计。

5)未经医疗事故鉴定委员会确认为医疗事故的伤亡,按责任事故统计。

6)相撞事故发生后,经调查确认为自杀、他杀的,不在伤亡人数中统计。

(8)铁路各级安全监察部门应建立"铁路交通事故登记簿"、"铁路交通事故统计簿"、"铁路运输企业安全天数登记簿"、"铁路作业人员伤亡登记簿"和"铁路交通事故分析会记录簿"。

铁路运输企业专业部门、各基层站段应分别填记《铁路交通事故登记簿》,并建立《铁路交通事故分析会记录簿》。

以上台账长期保存。

(9)有关部门、单位应按以下规定填写、传送、管理各种事故表报。

1)各级安全监察部门须建立"铁路交通事故(设备故障)概况表"和"铁路交通事故基本情

况表”的管理制度,规范统计、分析、总结、报送及保管工作。要及时补充填记“铁路交通事故基本情况表”各项内容,事故结案后,必须准确填写。

铁路运输企业调度部门应当及时、如实填写“铁路交通事故(设备故障)概况表”,建立登记簿,进行统计分析,并制定管理制度。

铁路运输企业的专业部门应当建立“铁路交通事故(设备故障)概况表”登记簿,认真统计分析。

2)安全监管办须建立“铁路交通事故处理报告表”管理制度。基层单位按要求做好填记上报,并保管3年。

3)安全监管办于月、半年、年度后次月5日前填写“铁路交通事故报告表”,报铁道部,并长期保存。

4)安全监管办于月、半年、年度后次月5日前填写“铁路交通事故路外伤亡统计分析表”,报铁道部,且长期保存。

5)有从业人员伤亡的事故,事故发生单位填写“铁路作业人员伤亡概况表”,上报安全监管办;一般B类以上事故,安全监管办填写“铁路作业人员伤亡概况表”,上报铁道部。

安全监管办于次月5日前(次年1月10日前),填写“铁路作业人员伤亡统计报表”,报铁道部。

(10)铁道部所属铁路运输企业每月27日前将本月安全分析总结报铁道部安全监察司。企业内部各业务部门须按月、半年、年度,对本系统事故进行分析总结,向上级主管部门报告,并抄送安全监管办安全监察部门。

合资铁路、地方铁路、专用铁路须按月、半年、年度,对本单位事故进行分析,并报安全监管办。

4. 依法进行责任追究

(1)铁路运输企业及其职工违反法律、行政法规的规定,造成事故的,由铁道部或者安全监管办依法追究行政责任。构成犯罪的,依法追究刑事责任。

(2)铁路运输企业及其职工迟报、漏报、瞒报、谎报事故的,对单位,由铁道部或安全监管办处10万元以上50万元以下的罚款;对个人,由铁道部或安全监管办处4 000元以上2万元以下的罚款;属于国家工作人员的,依法给予处分;构成犯罪的,依法追究刑事责任。

(3)安全监管办迟报、漏报、瞒报、谎报事故的,由铁道部对直接负责的主管人员和其他直接责任人员依法给予处分;构成犯罪的,依法追究刑事责任。

(4)干扰、阻碍事故调查处理的,对单位,由铁道部或安全监管办处4万元以上20万元以下的罚款;对个人,由铁道部或安全监管办处2 000元以上1万元以下的罚款;情节严重的,对单位,由铁道部或安全监管办处20万元以上100万元以下的罚款;对个人,由铁道部或安全监管办处1万元以上5万元以下的罚款;属于国家工作人员的,依法给予处分;构成违反治安管理行为的,由公安机关依法给予治安管理处罚;构成犯罪的,依法追究刑事责任。

(5)在事故调查中,调查人员索贿受贿、借机打击报复或不负责任,致使调查工作有重大疏漏的,由组成事故调查组的机关给予处分,构成犯罪的,依法追究刑事责任。

第三节　机械设备的有关安全规定

一、一般安全规定

(1)强化机械操作人员及相关施工人员的安全意识,牢固树立"安全第一,预防为主"的思想。

(2)严格执行岗位责任制和"机械三定"制度,实行机长负责制。

(3)坚持持证上岗制度,起重机械的操作、指挥等特殊作业人员,必须由经过具有相应资质的机关培训并取得合格证书的人员担任。

(4)起重机械的操作人员及配合作业的相关人员必须进行专业培训,掌握相关的安全操作规程,了解该机性能、构造及专业维修技术,熟悉捆绑、拴挂要求和正确的指挥信号。

(5)确保安全保护装置齐全有效,在安全保护装置失效或临时解除未恢复之前进行作业,必须停止作业,并加强监护。

(6)起重机械的操作、指挥人员必须具有高度事业心和责任心,严格遵守操作规程和指挥程序,杜绝违章操作和违章指挥,对无证指挥和违反安全操作规程可能引起机械损伤或机械事故的指挥,操作工必须拒绝执行。

(7)操作工必须严格遵守"十不吊"的内容。

(8)起重机械安全保护装置定期检查形成制度,各车操作工必须每天例行检查,施工处每周组织一次检查,发现问题,落实到人,限期整改,并认真作好整改记录。

(9)严格执行"机械交接班制度",并认真作好交接班记录。

(10)加大对报废延期使用和已到大修间隔期而因各种原因未安排大修等超期服役机械的监测和检查力度,定期组织具备资质的检验监测机构对其进行检验,确保机械经常处于良好的技术状态。

(11)进一步加强修理人员的技能培训,提高修理人员的业务素质和工作责任心,认真作好修理记录和验收记录,责任落实到人,杜绝因修理不当造成的机械损伤和机械设备事故,特别是起重机械的修理,修理人员应当了解其结构性能及修理工艺和安全方面的要求,严禁违章蛮干。

(12)严格大型起重机械安装、拆除作业指导书的审批程序,其安装、拆除作业队必须具备相应资质。

(13)塔式起重机、龙门式起重机、履带式起重机、装载机、推土机、挖掘机、混凝土拖泵、混凝土搅拌楼等大型机械设备项目工地间的转移,同样必须办理调拨手续,指定专人负责,制定具体的装卸措施和封车措施,并与运输单位签定运输协议,分清责任,确保装卸和运输全过程的安全。

(14)各机械使用单位项目经理、施工员、机械管理员、班组长、专职安全员充分发挥各自职责,认真组织落实本部门的定期机械大检查,发现问题限期整改,做到检查、整改、验收闭环管理,责任落实到人,记录齐全完整。

(15)加大机械设备的维护保养力度,确保机械设备经常处于良好的技术状况,严禁机械设备带病运行。

(16)加强操作监护和起重指挥监护,不能以人员少任务重等任何理由而不安排监护人员,安排的监护人员应尽职尽责，起到应有的监护责任，确保施工全过程的安全。

(17)机械设备的使用必须严格遵守操作、使用和维护规程，严禁拼装设备和超负荷使用，因工程需要必须超负荷使用时，应经精确计算，采取可靠的安全技术措施并经总工签字，有关部门批准后并在有关部门监护下，方可实施。

(18)各机械使用部门认真组织"反违章，反事故"讨论和学习，总结交流经验，吸取教训，解决机械操作人员及相关配合人员的认识问题，消除松懈麻痹思想和侥幸心理，从平时的细微工作抓起，牢固树立安全第一的思想，决不能靠吃一堑才长一智，因为这一"堑"往往要付出巨大代价。

(19)各施工项目项目经理与机械所在班组班组长，班组长与机械设备操作人员之间，层层签定"安全生产责任书"，实行"目标责任制"，坚持重奖重罚的原则，明确责任，落实到人。

(20)每项工程开工前进行危险点预测，采取防范措施，并进行详细交底，将责任落实到人，确保机械设备在施工全过程中的安全。

(21)机动车辆出车前、行车中、收车后必须进行详细的安全技术检查，确保各种油液符合标准，行车安全装置——转向系、制动系、传动系、喇叭、灯光齐全有效，轮胎气压正常。机动车司机必须严格遵守交通规则，载物载人符合规定，严禁酒后驾车。

(22)进一步加强土石方机械和混凝土机械的管理，确保其使用、维护、保养符合规程，将维护、保养的责任落实到人，做到人人有岗位、事事有专责、台台机械有人管，确保土石方机械和混凝土机械的施工安全。

机械设备的安全使用与管理是一个复杂的综合性课题，除了把好管、用、养、修关之外，还必须做到领导重视，各级机械管理人员、机械操作人员、维修人员及相关配合人员之间责任明确，做到有章可循、有据可查、记录清晰、有人操作、有人监督、奖惩分明，专管与群管相结合，并注重强化机务人员的安全意识，提高业务素质和技术水平，使用、维护、保养严格按规程办事。

二、相关机械设备的安全规定

1. 大型养路机械

(1)各机械车驾驶人员，必须由经过严格技术培训，经考试合格并持有驾驶证的司机担任；学习司机应在司机指导监督下练习操作，严禁单独作业。

(2)各种养路机械车，必须实行定人、定机操作及定期检修、定期车轴探伤，坚持经常保养，出车前各机组司机应对车辆的走行、制动、油路、电路等部位及车内备品、信号用具进行全面检查，确认完好及齐全后方准出车。

(3)在作业前，施工领导人对施工地段的线路设备状态应做好全面调查，摸清曲线、道口、桥梁、隧道、线路坡度及信号设备等位置及状况，制订出相应的安全措施及注意事项，下达各机组执行。

(4)机械车辆编组挂运或进行施工作业，应有一名队长(或副队长)统一领导，全面指挥，确保各机组相互协调同步，并应注意：

1)各机械车辆连挂运行时，由第一位车担当本务机，正副司机应认真执行有关行车规定，做到"彻底瞭望，确认信号，呼唤应答，手比眼看"，坚持谨慎驾驶不超速运行；遇有风、雨、雾、沙恶劣天气时，应采取低速运行。

2)机械车辆与其他车列长途挂运时，其编挂位置应在守车前位，无守车时应为列车尾部。

3)在站内调车时禁止通过驼峰，并严禁利用机械车为动力，进行其他货物车辆的调车作业。

4)机械车列进行大、中维修作业时，均应严格执行各机组间的程序排列，并需保持适当的安全间距，最少不得小于10m；在开始作业放下工作架时，应选择线路平稳点。如系双线地段，清筛车机组、配砟整形车机组下架前应和防护员取得联系，确认邻线无来车时方准下架；在作业中如两线间距不足5m，靠邻线的一侧，来车时禁止用犁作业，两线间禁止站立人员。

(5)各种养路机械进行施工作业时，均应采取施工防护。

(6)机械车辆驶出、入施工封锁地段，必须严格执行列车调度员命令，确认命令号及封锁起止时间；机械车列进入封锁区间，如需解体运行时，其续行间隔不得小于500m；到达作业地段，各机械车辆分离停车后，应采取制动防溜措施。

(7)各种机械车在施工作业中，应注意下列事项：

1)清筛机械车组在作业中应随时注意防爬观测桩、曲线桩、信号机及其附属设备等障碍物，防止刮碰发生危险。

2)捣固机械车组在圬工桥面作业时，应事先拆除护轨、测定轨枕底下石砟厚度，如厚度不足150mm时，不得进行捣固。在进入曲线时，输入的曲线要素必须正确，慎防失误。

3)配砟整形机械车在电气化区段作业时，接近接触网支柱时，应停车收回侧犁，通过后再行作业；在道心内有障碍物时，应及时提起中心犁。

4)稳定机械车组在作业中，应随时注意桥梁建筑物，禁止在桥上进行稳定作业。

5)上述各机械车组，在作业中遇到道口、道岔及桥梁时，应及时收起有碍部分的作业装置，安全通过后再作业；如在电气化及无缝线路上作业，尚应遵守无缝线路电气化铁路的有关安全技术规定。

(8)大型养路机械车均应配备复轨器、无线通信设施及符合有关行车规定的备品、防护信号用品，并经常保持完好；缺少、损坏时，应及时补充。

(9)各种养路机械车必须备有灭火器具；驾驶及检修人员，在车上和车下检修作业中禁止吸烟；对油箱和油路部位应经常进行检查，防止漏油。

(10)凡配备有大型养路机械的路局，应设专人管理，明确各级职责范围，根据不同机型、性能及特点，制定管理、使用办法及安全技术操作细则，确保安全使用。

2. 小型养路机械

(1)在线路上进行小型养路机械作业时，施工领导人应是线路工长或班长；各种小型养路机械的操作人员，必须由经过技术业务培训，并经考试合格由段(队)长批准的铁路职工担任。

(2)小型养路机械在上道作业前，施工领导人应确认设好防护；未设防护，严禁上道。驻站防护员应加强与车站值班员的联系，与工地防护员至少每3～5min通话一次，如通信联系中断，工地防护员应立即通知施工领导人停止作业、机具下道，尽快恢复线路；在恢复工作未完或机具未全部下道前，不得撤除防护。

(3)使用小型养路机械(捣固机、扒砟机等)作业时，其下道架应有专人负责，并随主机移动，保持距离不得大于15m。

在双线地段作业，若邻线来车时，应停止作业，如瞭望条件不良，人员、机具均应下道避车。

(4)下列小型养路机械须设有应急升降的安全防撞装置。

1)一操四捣固机、液压捣固机均应配置可手动的安全升降辅助装置。

2)液压轨缝调整器应配有可使机体随时解体的安全防撞装置。

3)起道作业应采用矮型防撞液压或齿条起道机，对普通齿条式起道机必须改造成有速降装置，未经改造的禁止使用。

(5)小型养路机械、起道机及防护用的电话，无线电报话机，自动报警器等设备，应专管专用，加强日常检修和定期检验，使用前须确认性能良好方准上道作业；如在作业中发生机械故障，应停机下道检修。

(6)转移工地在钢轨上推行捣固机和其他机具时，应有足够的人员跟随，并按区间使用小车的办法进行防护；机具下道后，要放置稳固，不得侵入限界，并有防溜措施，收工前应加锁。

3. 轻型车辆及小车

(1)轻型车辆，系指随乘人员能将其随时撤出线路的轻型轨道车(包括发电走行车，以下同)及其他非机动轻型车辆以及各种小车(轨道检查小车、单轨小车及单轨吊轨小车)的运行，一般只准在施工作业时和昼间使用，不按列车办理，可利用列车间隔或跟随列车后面运行，但至少与列车尾部保持 500m 的距离。在长大坡道区间，禁止尾随运行及续发轻型车辆。在任何情况下，不得影响列车的正常运行。轻型轨道车跨区间运行时应按列车办理。

(2)使用轻型车辆时，须取得车站值班员对使用时间的承认，并填发轻型车辆使用承认书，如系在区间用电话联系时，双方应分别填写，并须保证在承认使用时间内将其撤出线路。

使用各种小车时，负责人应了解列车运行情况，按规定设防护，并保证能在列车到达前撤出线路。

使用探伤仪检查钢轨时，应有专人随同在附近防护。

(3)轻型车辆及各种小车，需在夜间或雾、暴风雨雪沙等恶劣天气使用时，只限于消除线路故障或执行特殊任务，但必须有照明及停车信号，在运行中还应降低速度并按列车运行办理。轻型轨道车过岔速度不得超过 15km/h，区间运行速度按轨道车管理规则执行，连挂拖车时不得推进运行，并禁止与重型轨道车连挂运行。搭乘人员时，轻型轨道车限乘 6 人/辆(包括司机、助手)，拖车限乘 10 人/辆，并应安装栏杆或扶手。

轻型车辆及小车在长大隧道、桥梁及线路平面、纵断面复杂的区间使用办法，由铁路局规定。

轻型车辆及小车应放置在固定的安全地点并加锁，使用前应进行检查，确认状态良好时，方准使用。

(4)使用轻型车辆或小车时，必须具备下列条件：

1)须有经使用单位指定的使用负责人。

2)须有足够的人员能随时将轻型车辆或小车撤出线路以外。

3)应备有防护信号、列车运行时刻表、钟表，轻型车辆还应有携带电话机或区间电话柱钥匙。

4)轻型车辆应有制动装置(其他非机动轻型车辆根据需要安装)，并持有技术状态合格证。牵引拖车时，连挂处应使用自锁插销，拖车必须有专人制动。

5)在有轨道电路的线路或道岔上运行时，车轴应绝缘。

(5)在区间使用轻型车辆或小车时，应按下列规定防护：

1)在线路上人力推运各种轻型车辆(包括在轨道上走行的养路，养桥机械等)，应派防护人员在车辆前后各 800m 处显示停车信号，随车移动，如瞭望条件不良，应增设中间防护人员。

2)使用小车，应有专人随车显示停车手信号，并注意瞭望。使用装载较重的单轨小车及在瞭望条件不良区段内使用各种小车时，应按 1)防护。

在双线地段，单轨小车应面对来车方向在外股钢轨上行驶，并注意瞭望。如扒运土石方及笨重料物时，除有足够跟随人员外，尚应在来车方向设专人防护，并按规定设置移动停车信号。

各种小车不得交给临时工单独防护；用后应集中存放在规定的处所，并加锁保管。

3)轻型车辆遇特殊情况不能在承认时间内撤出线路时，或小车不能随时撤出线路时；应在车辆前后各 800m 处放置响墩，并以停车手信号防护。

4)运行中须显示停车手信号，并注意瞭望。在双线地段遇有邻线来车时，应将停车手信号收回以防误认，待列车过去后再行显示。

(6)在车站内使用装载较重的单轨小车及人力推运的轻型车辆时，须与车站值班员办理承认手续，并在其前后 50m 处显示停车手信号，随车移动，进行防护。

单轨小车不得在靠站台的一侧钢轨上行驶。

4. 施工列车

(1)长轨列车运行应遵守下列规定：

1)长轨列车运行按专列办理。如附挂车辆时应挂在尾部。长轨车不得溜放和通过驼峰线。

2)运行速度：曲线半径在 500m 以下时，限速 45km/h。半径在 300m 以下及通过侧向道岔时，限速 35km/h。如在同向曲线间运行，应注意内外侧钢轨是否前后串动，视情况适当降速。

长轨车卸车速度不超过 5km/h。

(2)龙门架车及轨排车运行，应遵守下列规定：

1)龙门架车及轨排车运行按路用列车办理。区间运行速度，由各铁路局视线路条件决定，通过半径 300m 以下的曲线及通过全穿式或半穿式桥梁或隧道，均限速 25km/h。

2)运用前，应调查运行区段内的建筑接近限界，并采取安全措施。在双线地段施工，邻线来车应及时放下工作台踏板，并暂时停止工作。

3)龙门架车不能进入站台高度大于 0.3m 的股道，并按超限货物运输的规定办理。

4)木油枕轨排应与车辆间捆绑牢固，以防运行中滑动。

5)轨排车运行时，须派专人押运，随时注意运行状态。

(3)施工列车进入区间的封锁施工地段时，应遵守下列规定：

1)施工列车进入封锁区间的行车凭证为调度命令。其内容应包括列车车次、运行速度、停车地点、停车时间及到达车站的时刻等有关事项。在封锁区间内工作的施工列车，在区间内停车的时间，不得超过调度命令准许的时间。

2)施工列车到达两端的车站后，车站值班员应立即通知施工单位的驻站防护员，说明列车进入施工地段的时间及准许在工地停车的时间等；驻站防护员应立即用电话通知工地的施工负责人，作好各种准备，在施工列车到达之前，应在施工地段两端各 50m 处增设移动停车信号，或在工地防护员显示的停车信号前停车，按照调车办法，在施工负责人的指挥下进入指定地点。

3)施工列车在封锁区间停车，装卸作业完毕后，施工负责人应认真进行检查，确认线路状态良好，卸下的材料及机工具等设备无侵入限界，堆码稳固，车列无异状，关好车门，通知运转车长发车。

4)向施工封锁区间开行施工列车，一般每端只准许进入一列，如遇到特殊情况需超过时，应按照所在路局规定的安全措施和运行办法执行。

5)施工列车在施工封锁区间内，不得将列车分解成若干部分进行作业，如因施工需要必须将列车分解作业时，应事先经车站值班员的许可，并在调度命令中明确记载。对分散后停放车辆的每一工作地点，均必须按规定设置停车信号防护，每个车辆均需有严格的防溜设施。

5. 施工机具

(1)基本要求

1)机具应由专业小组或专人负责检修、保养及使用，经常保持状态良好，不得带"病"运行。改造或大修后的机具，应经过空车试运转，确认性能及各部件符合要求，才能投入生产。自行设计、制造的机械设备，必须经过技术鉴定和上级批准，方准使用。

2)数台机械配合作业时，必须有明确的联系信号，其中任何一台机械起动或停止时，均应及时通知相关机械的操作人员；在作业中机械发生故障停车时，应立即切断电路、风路；修理时，应在停机后进行。

3)露出机体的传动部分，如皮带、链轮、砂轮及风扇等应有网罩或其他防护设备。在线桥旁操纵动力机械时，应在靠近线路一侧设安全栅栏。

(2)风动机具

1)压力容器必须按国家规定进行检验，未经检验或检验不合格的禁止使用。操作人员必须具有授权单位颁发的操作证。

压力容器上应安装压力表和安全阀，并每隔三个月试验一次，不得超期使用。安全阀应保证压力容器具有1.5倍的安全系数。压力容器10m范围内不准进行烧焊及其他加热工作。

2)风动工具应有保安套(环)，保证工具头连接牢固。试风或放出残余冷风时，工具头必须向下；过冲或打击栓销时，两侧应联系好，防止冲头伤人。

3)空气压缩机开动前应检查安全阀、气压表、压力调节器和动力机械上的各种主要仪表，如有损坏或缺少不准开动。

三、机械、设备的冬季使用规定

1. 一般规定

(1)冬季时采用冬季使用机械的安全技术措施，入冬以前应对机械操作人员进行一次冬季使用机械的安全技术教育。同时要做好防寒物资的供应工作。

(2)入冬前应对在用设备进行一次换季性保养，检查技术状况，换用适合本地区气温情况的防冻液、燃油、润滑油、液压油及安装预热、保温装置。凡带水作业设备(如水泵等)及有冷水循环系统的发动机等，停用时，应按安全技术操作规程有关规定将机体内的水放尽。

(3)根据不同气温(气温在－20℃以下为严寒地区，在－20～－10℃为寒冷地区，－10～0℃以内为一般寒冷地区)，准备相应的预热防寒设备，如停机房、喷灯、内燃机起动设备和辅助电瓶、防滑链条、操作和机修人员等的防寒用品等。

(4)做好机械设备冬季保温工作，无条件进入室内的机械设备，应搭设机棚，露天存放的大型机械应停放在避风处，不得停放在泥泞、积水的地面上。电动机械入冬前应检查或更换轴承润滑脂。

2. 机械的防冻措施

(1)有冷却系统的机械设备，在气温降到5℃以下时，应每日放水或加入防冻液，发动机应将节温器装好，加盖保温套。

(2)加防冻液前，应对机械的冷却系统进行清洗，详细检查水箱、水套、水管及接头等处，应无渗漏。根据当地气温情况，按照规定比例配制防冻液。严禁用口尝试防冻液。

(3)加入的防冻液应较水容量减少6%,防止受热膨胀后防冻液外溢。防冻液如有缺少应及时添加。其比重应符合规定。

(4)为加速严寒地区发动机的起动,防冻液可每日放出,起动前须在有盖容器内进行预温后再加入,其温度不得超过80℃,天气转暖或气温经常保持0℃以上时,可将防冻液放出,换用净水。

(5)寒冷地区起动发动机前,应将水加热到60～80℃时再注入冷却系统。如发动机未能起动而加入的热水已降温到10℃左右时,应速将水放出,重新加入热水,再行起动。

(6)作业中,如临时停车,应将保温套盖好,并放下通风口窗幕。如停机时间较长,冷却水有可能冻结时应放尽各部积水。作业后,应立即放尽各部积水。

(7)放水时,机械应放于平坦位置,待水温降到50～60℃时,打开水箱盖和水套、水箱、水泵的放水塞。操作人员必须注视放水情况,防止放水塞冻结或因盖子盖紧造成水管部分真空堵塞。在观察确认积水全部放尽后,各放水塞应保持开启状态,并悬挂"无水"标牌,方可离开。

3. 机械的润滑

(1)根据原厂使用说明书规定,结合本地区气温情况,选定合适的冬用润滑油,进行保养、更换。

(2)在严寒地区润滑系统无预热装置时,应在工作后将曲轴箱内润滑油全部放出,起动前应将放出的润滑油加温到70～80℃后再注入曲轴箱。同时必须保持润滑油的洁净,严禁用明火直接燃烤曲轴箱加温。

(3)气温在－10℃以下的寒冷地区,如机械各齿轮箱的原用齿轮油黏度过高时,可掺加冬用柴油或机油稀释原齿轮油。

(4)在严寒地区,必须将内燃机械的发电机的充电量提高到10～15A。应经常检查电瓶电液的比重不得低于1.23,并加保温装置。

4. 冬季使用的注意事项

(1)寒冷地区起动内燃机,应先使内燃机曲轴转动多转后,再行起动。严禁用机械拖、顶的方法。露天停放的机械,除机油和冷却液应预热外,亦可用喷灯加热进气岐管。起动后,应先低速空转使温度上升,再逐步增加转速,严禁刚一起动,即猛轰油门。

(2)严寒和寒冷地区操作机械时,必须带手套作业。冬季驾驶车辆不得用最高档在有积雪和冰层的道路上及较窄的地方快速行驶。上下坡和急转弯时应避免紧急制动。

(3)应保持轮胎的正常气压,不得有过高或过低现象。轮式机械在冰雪道路上行驶应装防滑链。在斜坡或沟边等场所作业时,更应注意安全。

(4)严寒地区水泵使用时,应将进水管提出,排尽泵体所有积水。

(5)混凝土搅拌机、砂浆搅拌机、灰浆泵、混凝土泵等机械在停止运转后,必须将机械内物料倒尽,用清水冲洗干净,并将积水放尽。

(6)空气压缩机停止运转后,应将储气罐内积水放尽。

第六章 机械设备状态监测与故障诊断技术管理

随着社会化生产的迅速发展，机械设备发生故障后所造成的损失也越来越大。因此完善机械设备的维护保养制度，提高设备的完好程度，已成为管理人员普遍关注的问题，故障诊断和状态监测技术就是为这一需要而发展起来的。

第一节 机械设备的状态监测

一、机械设备状态监测的作用

设备状态的监测就是对设备的零件、部件或整台设备的工作状态进行监测，并根据检测结果对其是正常状态还是异常状态进行监测的过程。

设备状态监测原理是利用设备在运行的过程中，伴随而生的噪声、振动、升温、磨损、磨粒和产品的质量状况等信息，必然要受状态影响效应现象，通过仪器仪表和认知的感官功能获取这些信息的变化情况，作为判断设备运行是否可能发生故障的依据。

设备技术状态是否正常，有无异常征兆或故障出现，可根据监测所取得的设备动态参数(温度、振动、应力等)与缺陷状况，与标准状态进行对照加以鉴别。表6－1列出了判断设备状态的一般标准。

表6－1 判断设备状态的一般标准

设备状态	部件			设备性能
	应力	性能	缺陷状态	
正常	在允许值内	满足规定	微小缺陷	满足规定
异常	超过允许值	部分降低	缺陷扩大	接近规定，一部分降低
故障	达到破坏值	达不到规定	破损	达不到规定

(1)为监测设备的工作情况提供可靠的依据。设备的零部件在故障发生时总是从状态开始的，例如零部件的温度升高、振动加剧、噪声增大、磨损变快等，通过状态监测就可以及时发现这些信息，发现其产生及变化的情况，可以帮维修人员准确判断故障的性质。

(2)为确切分析故障提供必要的依据。当设备出现故障时，根据监测的信息可以正确分析判断故障的位置，减少维修时间，提高效率。

(3)为及时准备备品备件提供依据。在生产过程中设备突然发生故障，需要更换部件，但因为没有备件，而不得不停机进行等待，而有时有些备件不是标准件需要在厂家购买，这样等待的时间会更长，会对生产造成影响，这样就可以根据故障监测收集的信息认为那些备件会出现故障而提前对所需的零件提出备份。

(4)减少停机时间。设备维修人员根据设备状态监测提供的信息，把即将出现故障的地方，或是即将影响生产要停下来修复的地方，提前安排生产时间将其修复，以免在生产中发生故障而影响生产。

(5)为适当延长设备检修周期提供充分的依据。根据监测收集的信息，就可以分析判断设备在一段时间内的运行趋势。如对温度、振动、精度、磨损等参数的监测，看有无异常情况发生，即使设备在运行中超过规定的检测周期，都允许只对轴承等关键部位进行局部检查后，继续运行使用，从而提高设备的使用寿命。

以状态监测为基础的现代计划检修制度，有利于建立合理的计划检测制度具有按照设备的实际技术和自身的实际磨损情况决定检修的特点，理论与实际相结合提高了计划检修制度的合理性。

二、机械设备状态监测的方法

1. 听诊法

设备正常运转时伴随发生的音响总是具有一定音律和节奏，通过人的听觉功能就能对比设备是否出现了重、杂、怪、乱等的异常噪声，判断设备的内部是否出现了振动、撞击、不平衡等隐患。可用手锤敲打，根据是否发生破裂声判断有无裂纹产生。

现在较先进的检测仪器是电子听诊器。它是一种振动加速传感器，将设备的振动转换为电子信号，并将其放大，实现高效简便的监测仪器，用耳机监听运行设备的振动声响，通过监测同一位置点、不同时间、相同转速、相同工作状况的信号，并进行对比判断设备是否有故障。当耳机出现清脆尖细声响时，说明振动频率较低，一般是尺寸相对较小的，强度相对较高的零部件发生局部缺陷或较小裂纹；当耳机里传出昏沉的噪声时说明振动频率较低，一般是尺寸相对较大、强度较低的零部件发生较大的裂纹或缺陷；当耳机里传出的噪声比平时增强时，说明故障正在发展，声音越大，故障越严重；耳机里传出的噪声是杂乱无规律的，间歇出现时，说明有零部件发生了松动。

2. 触测法

用人手的触摸可以监测设备的温升、振动及其间歇的变化情况。人手的神经纤维对温度比较敏感，可以比较准确地分辨出温度差别。当机件温度在 0℃ 左右时，手感冰凉，若触摸较长，会产生刺骨感；10℃左右时，手感较凉，但一般能忍受；20℃左右时，手感稍凉，随着接触的时间的增长手感渐热；30℃左右时手感微温，有舒适感；40℃左右时，手感较热，有微烫感；50 ℃左右时，手感较烫，若接触时间较长，会有汗感；60 ℃ 左右时手感很烫，但一般可以忍受10s 左右；70 ℃左右时手感烫得灼痛，手的接触处会很快变红。触摸时，应先试触后再细触，以估计机件的温度情况。用手晃动机件可以感觉出 0.1～0.3mm 的间隙大小，用手触摸机件可以感觉振动的强弱变化和是否产生冲击等情况。

3. 观察法

人的视觉可以观察设备上有无机件松动、裂纹及其他的损伤等；可以检查润滑是否正常，有无干摩擦的现象；可以检查看油箱情况，沉积物中的磨粒大小、多少及特点，以判断相关零件的磨损情况；可以观察设备的运行是否正常，有无异常发生。

4. 滚动轴承工作状态的监测

轴承在机械设备的传动中占有重要位置，它的工作状况在很大程度上影响设备的工作，也影响其产品的质量，因此作好设备轴承的监测工作，是设备管理人员的一部分很重要工作。

5. 根据产品的质量对设备的监测

产品的质量在对设备的状态监测中有重要的位置，有时用上文的几种方法无法监测，或者没有监测到，当设备发生故障时，它会从产品的质量上反映出来。比如在瓦楞纸板线上对有些轴承的状态的监测用听诊法监测，由于纸板线上的噪声较大，而且有些部位的结构也不允许用听诊法去监测，目前我国现在许多中小厂用的单面机是正压卡匣式的，它的涂胶系统在正常生产时比密封在机器里的，对其轴承的状态就可以根据产品质量所反映胶量大小，进行监测。

三、用听诊法对滚动轴承进行监测

用听诊法对滚动轴承工作状态进行监测的常用工具是木柄长螺钉旋具，也可以使用外径为 20mm 左右的硬塑料管，但是相对而言，使用电子听诊器进行监测更有利于提高监测的效果。

(1)滚动轴承正常工作状态时，运行平稳、轻快，无停滞现象，发出的声响和谐而无杂音，可听见均匀而连续的"哗哗"声或较低的"轰轰"声，噪声的强度不大。

(2)异常声响反映的轴承故障

1)轴承发出均匀而连续的"呲呲"声，这种声音由滚动体在内外圈旋转而产生，包含有与转速无关的不规则的金属振动声响，一般表现为轴承加油脂不够，应补充；若设备停机时间较长，特别是在冬天低温情况下，轴承有时会发出"呲呲沙沙"的声音。

2)轴承在连续的"哗哗"声中发出均匀的周期性的和声，这种声音是由于滚动体和内外圈滚道出现伤痕沟槽引起，应对轴承进行更换。

3)由于轴承发出不连续的"梗梗"声，这种声音是由于轴承保持架或者内外圈破裂引起，必须更换轴承。

4)轴承发出不连续、不均匀的"嚓嚓"声，这种声音是由于轴承内落入铁屑、沙粒等杂质引起的，应对轴承进行清洗，重新加入油脂或更换。

四、用测温法对滚动轴承进行监测

通过测量轴承运转中的温升情况，一般很难监测到滚动轴承所出现的疲劳剥落、裂纹或压痕等局部损伤，当出现温升现象时，一般所反映的问题已经相当严重，而且会迅速地发展，造成轴承的损坏。监测中如果发现轴承的温度已超过 70～80℃时，就应停机检查。用温测法还可以判断当设备不能转动时，轴承较多的部位，不能判断是哪一个轴承发生了问题，可以用手去触摸几个轴承部位，并比较其各部位的温升情况，温度较高的轴承一定发生了故障，因为开始有问题时，它在转动时会产生摩擦，有摩擦就会有温升。热板或单面机的驱动部的齿轮箱有许多轴承位当发生故障时就可以用此方法去判断。

对于新安装或者重新调整的滚动轴承，通过温升法在规定时间内监测其温升情况，可以判断轴承的安装与调整质量，尤其间隙过紧时会出现温升过高的现象。发现问题及时调整，有利于延长滚动轴承的使用寿命。

其实设备在运行中对其监测不是只用一种方法，或许对一个部位的监测会用几种方法，只有平时对设备多监测、多巡视、多观察，用眼睛看、用耳朵去听、用手去触摸，对重要的部位、故障多发生部位多监测、多观察，让故障消除在发生之前，并提前对设备的备品配件作好准备，为正常生产打好基础。

五、机械设备振动诊断技术

1. 机械设备振动诊断技术

在运用状态监测技术对设备进行状态维修工作中，振动诊断技术是常用的一种简便方法。振动诊断技术就是在设备运行中或基本上不拆卸全部设备的情况下，通过测试设备振动产生的信号掌握设备现在的技术运行状态，判定产生故障的部位、原因，并预测、预报未来的技术。

(1)振动诊断技术的特点

1) 设备运行同步产生振动信号，故障信息包含在振动信号中。

2) 易于实现在线监测与诊断。

3) 以振动加剧为征兆的故障率极高，常见的振动征兆故障都有明显的特征，易于识别。

4) 测试手段、方法、理论相对比较成熟。

5) 方法简便，容易操作，投资较少。

(2)振动诊断技术应用范围

1) 直接生产设备,特别是连续作业和流程作业中的设备。

2) 大型精密及成套设备。

3) 发生故障或停机后会造成较大经济损失的设备。

4) 容易发生人身安全事故的设备。

5) 发生故障后会产生二次公害的设备。

6) 维修周期长或维修费用高的设备。

7) 没有备份的关键设备。

2. 监测点选定的基本原则

监测点应科学地选定为那些最能真实反映设备运行状态的测点,以便对设备的振动状态做出全面的描述。通常应环绕机器外部,在互相垂直的三个方向上,分散选定测点,一般选在机器振动的敏感点及刚性支承点等。测点的数量能反映机器的主要运行状态就行。测点的选定一般依据以下原则:

(1)机器振动的敏感点,离机器核心部位最近的关键点,容易产生劣化现象的易损点。

(2)机器的刚性支承点,如机座,轴承座等。

(3)大型设备的测点选择应能反映设备的全部状态,在设备的前、后、上、下、左、右、和中间部位都要有测点。

(4)测点的选定应该注意环境的影响。如大的振动源、高温、高压点、出风口等。

3. 振动诊断技术的标准参数

标准参数是用来判断设备运行的技术状态是否正常的重要依据,是进行设备状态检测的重要基础。

标准参数按其确定原则分为绝对标准、相对标准和类比标准。

绝对标准是在一切条件正常情况下,在规定了测量位置和正确的测量方法后确定的,它是保证设备技术性能良好所必须遵守的标准。其特点是不考虑环境影响及安装的人为因素等;相对标准是同一测量部位定期监测,按时间先后进行比较,将正常值视为标准,根据实测值与正常值的差异来判断设备运行技术状态是否正常;类比标准是指具有多台机型、规格相同的设备时,在相同的条件下,对它们进行测试,经过相互比较,确定一个正常的参考标准。

标准参数按其作用可分为正常标准、警戒标准和不允许标准。

正常标准,设备监测数值等于或小于该值时,说明设备技术状态良好,完全可以正常运行使用;警戒标准,设备监测数值达到该值时,说明设备运转已出现异常,需要注意检查监测,必要时缩短监测周期;不允许标准,设备监测数值达到或超过该值时,说明设备已发生较严重的故障,必须立即进行检修。

六、机械设备状态监测工作的开展

1. 设备的检查

机械设备状态监测设备检查是侧重于利用管理职能制定规章制度以及各种报表等,针对设备上影响产品质量、产量、成本、安全和设备正常运转的部位进行日常点检、定期检查和精度检查等,及时发现设备异常,进行调整、换件或抢修,以维持正常的生产,或将不能及时处理的精度降低、功能降低和局部劣化等信息记录下来,作为修理计划的制定和设备更新改造的依据。

2. 设备状态监测

前面内容所讲设备日常检查和定期检查,均为企业了解设备在生产过程中状态的一种行之有效的作业方法，多年来为企业所采用。然而这种检查有一定的局限性，它并不能定量地测出设备各种参数，确切反映故障征兆、隐患部位、严重程度及发展趋势。因此许多企业在主要生产设备(关键设备)上，采用状态监测及诊断技术来预防故障、事故，并为预知维修提供依据。

开展状态监测和诊断工作可从以下几方面入手：

(1)研究企业生产情况、设备组成结构、实际需要、技术力量、财力资源及管理基础工作。从获得最佳的技术经济效果出发，经分析、研究来确定需进行状态监测的设备，列出明细表。

(2)培训专职技术人员，合理选择工具、仪器和方法，经试验后付诸实施。实施中，要责任到人，制定出每台设备的"态监测登记表"。表中列出监测内容、手段、结果等，负责人员按规定时间进行监测或由装在设备监测系统上的记录仪器收集状态信息。监测信息汇总后，应及时为诊断故障，开展预知维修提供服务。

目前设备状态监测的发展趋势是从人工检查逐步发展到人机检查，将设备监测仪器与计算机结合，计算机接受监测信号后，可定时显示或打印输出设备的状态参数，如湿度、压力、振动等，并控制这些参数不超出规定的范围，保持设备正常运转和生产的正常进行。以点检为基础，以状态监测为手段，利用计算机迅速、准确、程序控制等功能，实现设备的在线监测将给企业带来极大的经济效益。

第二节　常用检测与诊断方法

一、超声波探伤检测

超声波探伤检测法适用于压力容器和钢结构焊缝缺陷的超声检测和检测结果的等级评定。适用于母材厚度为8～300mm的铁素体类钢全焊透熔化焊对接焊缝的超声检测。不适用于铸钢及奥氏体不锈钢焊缝、外径<159mm的钢管对接焊缝、内径≤200mm的管座角焊缝及外径<250mm和内外径之比<80%的纵向焊缝检测。

1.超声波探伤设备

(1)超声波探伤仪部分实例见表6－2。

表6－2　超声波探伤仪部分实例

型号	适用范围	结构特点	主要技术参数
CTS－26超声波探伤仪	各种焊缝、锻件、金属、非金属材料的探伤	频带宽、分别率高，具有新型报警器和记忆功能	工作频率：0.5～20MHz 衰减器：总衰减90dB 探测深度：5～500mm(钢、纵波) 近区探测能力：10NB探头可发现2mm、φ2mm平底孔 记忆功能：可水平记忆和垂直记忆
SA203超声波探伤仪	用于金属、非金属材料表面和内部缺陷的探伤	量程大，具有线性抑制，4位液晶显示，配备SP401探伤程控计算机	工作频率：0.5～18MHz 探测范围：0～5 000mm 衰减量：99dB 距离探测范围：1.5～1 500mm 线性误差：垂直<5%；水平>1%

续上表

型号	适用范围	结构特点	主要技术参数
JTS－6 超声波探伤仪	焊缝质量检查、锻件内部质量缺陷探测	大幅度，低阴抗宽频谱发射激发源，101dB 高精度衰减器，三个工作频段，三种报警	工作频率：2.5、5MHz，1～10MHz 宽带 探测范围：10～5 000mm 分四挡 报警方式：LED 闪烁，蜂鸣器发声 电源电压：交流 220V 直流 11～14V
SONRAY－303B 超声波探伤仪	用于材料、设备探伤，并可用于测厚度		测厚范围：0.5～100mm 误差：±0.0001mm 探伤扫描：分 6 档，2.6、10、25、100、250、1 250 探头频率：1、2.25、5、10MHz 增益：90dB

(2)探头分类与频率选择见表 6－3 及表 6－4。

表 6－3 探头分类

分类	适用范围
直探头	可发射和接收纵波
斜探头	可发射和接收横波
表面波探头	可发射和接收表面波
可变角度探头	可连续改变入射角，以产生纵波、横波和表面波
组合探头(双探头)	可一边发射同时一边接收纵波

表 6－4 探头频率选择

零件类型	频率(MHz)	零件类型	频率(MHz)
大型锻钢件	1～3	钢管(水浸聚焦法)	5～15
大型锻钢件	2～3	焊缝	1～4
大型铸钢件	0.4～3	铝及其合鑫	3～10
小型铸钢件	1.5～5	钛合金	1～3
铸铁件	0.4～1	铜合鑫	1～3
钢板	2～5	非金属材料	0.02～1
钢板(水浸斜探头)	2～5		

2. 探伤方法选用

超声波探伤方法选用见表 6－5。

表 6－5 超声波探伤方法选用

探伤方法			配用探头	选 用
大类	连续性	方 向		
反射法	脉冲波	纵 波	单双探头	广泛应用
		横 波	单双探头	焊缝探伤
		表面波	单双探头	表面缺陷
		板波(兰姆波)	单双探头	薄板探伤
	连续(共振)波	纵 波	单探头	测 厚
	调频波	纵 波	单探头	

续上表

探伤方法			配用探头	选 用
大类	连续性	方 向		
穿透法	脉冲波	纵 波	双探头	焊缝探伤 表面缺陷
		横 波	双探头	
		表面波	双探头	
	连续(共振)波	纵 波	双探头	

3. 平板对接焊缝的检测

(1)为检测纵向缺陷,原则上采用一种 K 值探头或两种探头在焊缝的单面双侧进行检测。母材厚度大于 46mm 时,采用双面双侧检测,如受几何条件限制,也可在焊缝双面单侧采用两种 K 值探头进行检测。斜探头应垂直于焊缝中心线放置在检测面上,作锯齿型扫查,如图 6－1所示。探头前后移动的范围应保证扫查到全部焊缝截面。在保持探头垂直焊缝作前后移动的同时,还应作 10°～15°的左右转动。

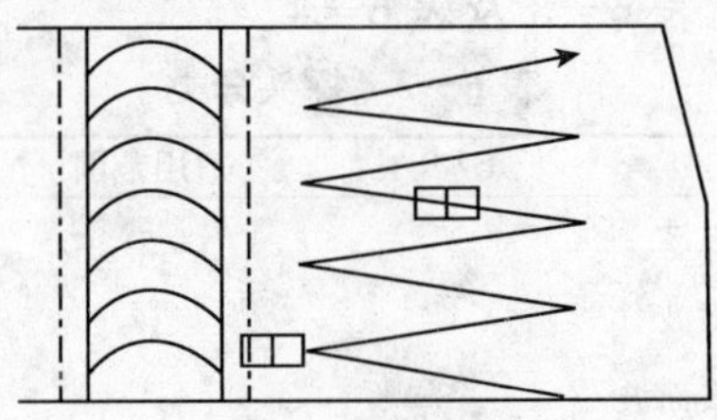

图 6－1　锯齿型扫查

(2)为检测焊缝及热影响区的横向缺陷应进行平行和斜平行扫查。检测时,可在焊缝两侧边缘使探头与焊缝中心线成 10°～20°作斜平行扫查,如图 6－2 所示。焊缝余高磨平时,可将探头放在焊缝及热影响区上作两个方向的平行扫查,如图 6－3 所示。焊缝母材超过 100mm 时,应在焊缝的两面作平行扫查或者采用两种 K 值探头($K1$ 和 $K1.5$ 或 $K1$ 和 $K2$ 并用)作单面两个方向的平行扫查,必要时可用两个 $K1$ 探头作串列式扫查。对电渣焊缝还应增加与焊缝中心线成 45°的扫查。

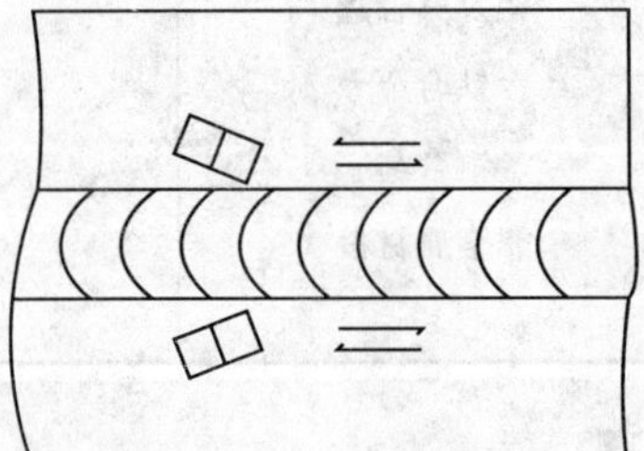

图 6－2　斜平行扫查

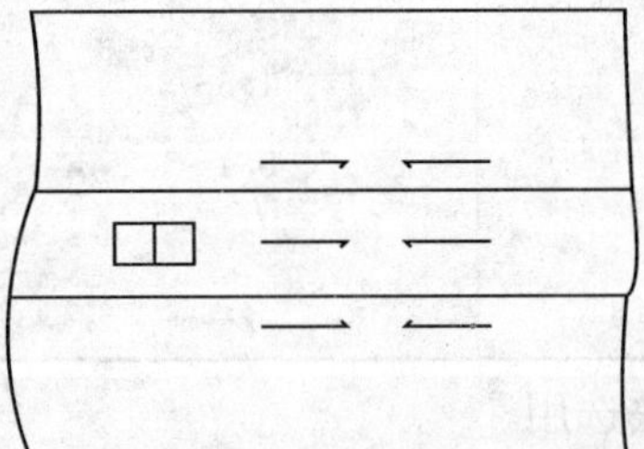

图 6－3　平行扫查

(3)为确定缺陷的位置、方向和形状,观察缺陷动态波形和区分缺陷信号或伪缺陷信号,可采用前后、左右、转角、环绕等四种探头基本扫查方式,如图 6－4 所示。

4. 曲面工件对接焊缝的检测

(1)检测面为曲面时,可尽量按平板对接焊缝的检测方法进行检测。对于受几何形状限制,无法检测的部位应予以记录。

(2)纵缝检测时,对比试块的曲率半径与检测面曲率半径之差应小于 10%。

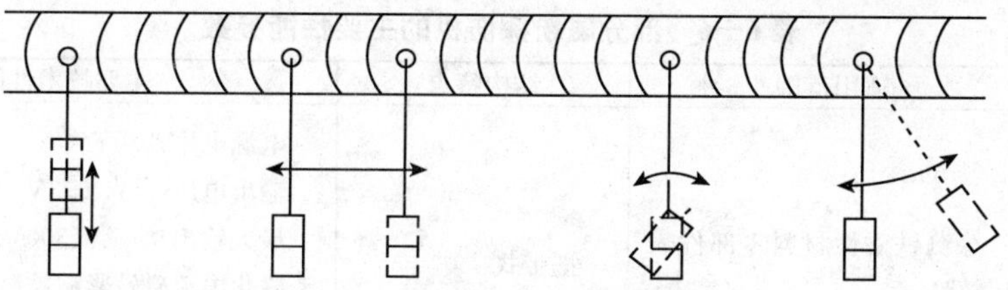

图 6—4　四种基本扫查方式

1)根据工件的曲率和材料厚度选择探头 K 值,并考虑几何临界角的限制,确保声束能扫查到整个焊缝。

2)探头接触面修磨后,应注意探头入射点和 K 值的变化,并用曲率试块作实际测定。

3)当检测面曲率半径 R 大于 $W_2/4$ 且采用平面对比试块调节仪器时,应注意到荧光屏指示的缺陷深度或水平距离与缺陷实际的径向埋藏深度或水平距离弧长的差异,必要时应进行修正。

(3)环缝检测时,对比试块的曲率半径应为检测面曲率半径的 0.9～1.5 倍。

5. 缺陷定量检测

(1)灵敏度应调到定量线灵敏度。

(2)对所有反射波幅超过定量线的缺陷,均应确定其位置、最大反射波幅和缺陷当量。

(3)缺陷定量。

应根据缺陷最大反射波幅确定缺陷当量直径 φ 或缺陷指示长度 ΔL。

1)缺陷当量直径 φ,用当量平底孔直径表示,主要用于直探头检测,可采用公式计算,距离—波幅曲线和试块对比来确定缺陷当量尺寸。

2)缺陷指示长度 ΔL 的测定采用以下方法:

①当缺陷指示长度只有一个高点。且位于Ⅱ区时,用 6dB 法测其指示长度。

②当缺陷反射波峰值起伏变化,有多个高点,且位于Ⅱ区时,应以端点 6dB 法测其指示长度。

③当缺陷反射波峰位于Ⅰ区,如认为有必要记录时,将探头左右移动,使波峰降到评定线,以此测定缺陷指示长度。

二、磁粉探伤检测

1. 磁粉探伤检测的意义

近年来,在国内、外工业的各个领域中磁粉检验方法得到了广泛的采用。铁路运输企业也不例外。在铁路运输企业,可以自动进行检验操作的现代化的新无损检测方法(铁磁探伤、涡流探伤、声发射探伤)正在得到广泛的应用,然而,目前磁粉探伤方法仍旧是基本的方法之一。

借助磁粉探伤方法可检测最重要的机车车辆零件:轮对车轴、轴承圈、大小齿轮等等。用这种方法可检测 150 种内燃机车和电力机车的零部件。

一些机务段和车辆段以及铁路工厂正越来越广泛地采用磁粉探伤设备。为了检测直齿轮和锥齿轮,可以采用检测直径为 100～400mm 的轴箱滚动轴承自由环装置和检测小零件用的 CMK—12 检测台。检测复杂零件的外形小巧的 K40/1Z0 电磁铁是值得大力推荐的。但是,在修理企业对无损探伤技术手段的更新是相当缓慢的,对已有设备的调查分析表明,在机务部门使用的 40 %以上的探伤仪不符合现实要求。

2. 磁粉探伤检验设备

国内外部分磁粉探伤机的主要性能参数如表 6—6 所示。

表 6－6　部分磁粉探伤机的主要性能参数

型号	适用范围	结构特点	主要技术性能参数
CJX－515 交流磁粉探伤仪	探测铁磁性材料零部件表面缺陷	携带式	电源电压：220V 输出电压：36V、6.3V 最大输出功率：≤300VA 磁化电流磁铁紧贴被测表面时：5.5 A 重量：18kg 外形尺寸：280mm×180mm×320mm
CEX－500 交直流便携式探伤仪	检验零件因锻压、淬火、研磨、疲劳、裂缝以及夹渣等形成的极细微的缺陷	可控硅调压自动退磁	磁化电流：0～1 000 连续可调 接标准负载紫铜棒 ϕ25mm×460mm 退磁电流：0～1 000 减至 0，不大于 5s
CJD－1000 移动式磁粉探伤仪	对铁磁性材料零部件表面、近表面缺陷进行无损检验	可根据：工件形状选用不同的探伤器，干、湿磁粉均可用	最大输出功率：6kVA 最大输出电流：1 000A 电源电压：380V、50Hz 周向最大磁化电流：1000A 重量：360kg
CYZ－2 电磁场探伤仪	可对较粗的不去除涂层的表面进行极间探伤，可检查复杂形状零件的表面	手提式、非旋转式磁探仪探伤时需交叉进行	电源电压：220V 工作电流：36V、7A 极距固定 155mm 交流吸力 120N
YJ－HB 旋转磁场探伤机	对铁磁性材料零部件表面、近表面探伤，并可检验对接、搭接焊缝裂纹	手提式、起磁大，工作电压低，安全	电源电压：220V 工作电压：36V 最大输出功率：270VA 激磁安匝数：2600

3. 磁化方法

根据缺陷走向必须与磁力线垂直，才能明晰地发现缺陷的原理，磁粉检验法见表 6－7。

表 6－7　磁粉检验法

序号	检验方法		具体内容	适用范围
1	周向磁化法（横向磁化法）	零件直接通电法	以零件为导体，将磁化电流直接从被检验零件轴向流过，在零件表面或近表面形成周向磁场	适用于检验中小型零件、大型铸锻件、实心长零件和管子的纵向缺陷
		芯棒法	将一个芯棒（铜棒）插入空心零件，将磁化电流从芯棒流过，在零件壁产生周向磁场	适用于检验空心零件、长管、空心轴和大型壳体的纵向缺陷
		穿电缆法	与芯棒法相似，不同点是用电缆代替芯棒，可以让电缆多次通过空心零件，从而降低了电缆中的电流值，减少发热量	适用于检验大直径管状零件的纵向缺陷
		支杆法（局部磁化法）	将相距 150～200mm 的两个电极（磁锥）触在被检零件表面，形成围绕该两电极的、同心圆式的磁场	适用于检验大型、复杂零件焊缝的纵向缺陷

续上表

序号	检验方法		具体内容	适用范围
2	纵向磁化法（轴向磁化法）	螺管线圈法	将被检测零件穿过一个螺管线圈，当线圈通过磁化电流时，在零件上即产生一个纵向磁场	适用于检验棒状零件的横向缺陷
		感应电流法	将铁芯穿过环状零件，同时在铁芯的对应位置绕以导线，形成以导线为初级线圈、零件为次级线圈的变压器。当磁化电流通过导线时，即在环状零件上感应出周向电流，并使零件纵向磁化，从而可检验出横向缺陷	
		轭铁磁化法	对于大型板状零件的横向裂纹，可将一个绕有导线的Ⅱ型铁芯放在零件的待检部位，并以零件为衔铁。当导线通过磁化电流时，零件即被磁化	
3	复合磁化法		零件中缺陷的方向是不一定的，只有在零件上同时加一个纵向磁通和一个周向磁通，当改变两个磁通的比值时，复合磁场的方向随之改变，从而可检出任意方向的缺陷	

为了检定探伤仪的工作能力，可使用零件或零件的一部分。企业标准试样具有由被检零件同样材料制成的镶块，其上带有人造的表面缺陷。在有专门仪器的情况下，只允许使用带人造缺陷（裂纹）的企业标准试样来进行探伤设备工作能力的检定。这种专门仪器可显示磁性显示剂的能力和零件磁化规范的能力。带人造缺陷的企业标准试样是零件本身或在观察检查时（不使用放大镜）带有不可见缺陷的零件的一部分。这些零件可从报废零件中选取。

目前，机务段、车辆段均装备了带人造缺陷的基本型号的企业标准试样。这些基本的型号列于表 6—8 中。

表 6—8　磁粉探伤用企业标准试样的型号

名　　称	型　号
轴承内圈	32.01.000
轴承外圈	32.01.000
轮对车轴部分（轴颈，中间或过渡部分）	32.04.000
卡板	32.05.000
齿轮的部分	32.06.000
滚子	32.08.000
板	32.11.000

在检测未加工过的表面粗糙的零件时，使用干性磁粉是合适的。此时，用磁粉探伤法可以探测出比较粗大的缺陷。磁性显示剂应保证与被检表面有必要的对比度，所以在检测加工后表面呈白亮的零件时，建议使用黑色的磁性显示剂；而在检测未加工过的深色表面零件时，建议使用有色的或带荧光的显示剂。

无损检验的准确性不仅取决于技术手段，而且在相当大的程度上取决于探伤人员的技能水平。正是由于他们要作出零件合格与否的决定，所以必须对这些专家们以及他们的专业素养给予更多的注意。探伤人员应该有可能来检验所有磁粉检验系统的有效性，即包括探伤仪、磁性显示剂、检测技术，包括探伤人员本人。为此，在无损探伤的工作场所，所有的试样都应该是企业标准试样。

三、渗透探伤检测

1. 渗透探伤法的主要分类与探伤步骤

根据渗透剂种类和显像剂种类的不同，渗透探伤法按表 6—9 和表 6—10 分类。

表 6—9　按渗透剂种类分类的渗透探伤方法

方法名称	渗透剂种类	方法代号
荧光渗透探伤	用水洗型荧光渗透剂	FA
	用后乳化型荧光渗透剂	FB
	用溶剂去除型荧光渗透剂	FC
着色渗透探伤	用水洗型着色渗透剂	VA
	用后乳化型着色渗透剂	VB
	用溶剂去除型着色渗透剂	VC

注：用于后乳化型荧光渗透剂的乳化剂有油基和水基两种。

表 6—10　按显像方法分类的渗透探伤方法

方法名称	显像剂种类	方法代号
干式显像法	用干式显像剂	D
湿式显像法	用湿式显像剂	W
	用快干式显像剂	S
无显像剂显像法	不用显像剂	N

按照表 6—9、表 6—10 中各方法的组合使用，其探伤步骤见表 6—11 的顺序。

表 6—11　探伤步骤

所使用的渗透剂和显像剂种类	探伤方法代号	前处理	渗透	乳化	清洗	去除	干燥	显像	干燥	观察	后处理
水洗型荧光渗透剂——干式显像剂	FA-D	○	○		○		○	○		○	○
水洗型荧光渗透剂或水洗型着色渗透剂——湿式显像剂	FA-W VA-W	○	○		○			○	○	○	○
水洗型荧光渗透剂或水洗型着色渗透剂——快干式显像剂	FA-S VA-S	○	○		○		○	○		○	○
水洗型荧光渗透剂——不用显像剂	FA-N	○	○		○		○	○		○	○
后乳化型荧光渗透剂——干式显像剂	FB-D	○	○	○	○		○	○		○	○
后乳化型荧光渗透剂——湿式显像剂	FB-W	○	○	○	○			○	○	○	○
后乳化型荧光渗透剂——快干式显像剂	FB-S	○	○	○	○		○	○		○	○
溶剂去除型荧光渗透剂——干式显像剂	FC-D	○	○			○	○	○		○	○
溶剂去除型荧光渗透剂或溶剂去除型着色渗透剂——湿式显像剂	FC-W VC-W	○	○			○		○	○	○	○
溶剂去除型荧光渗透剂或溶剂去除型着色渗透剂——快干式显像剂	FC-S VC-S	○	○			○	○	○		○	○
溶剂去除型荧光渗透剂——不用显像剂	FC-N	○	○			○		○		○	○
后乳化型着色渗透剂——干式显像剂	VB-D	○	○	○	○		○	○		○	○
后乳化型着色渗透剂——湿式显像剂	VB-W	○	○	○	○			○	○	○	○
后乳化型着色渗透剂——快干式显像剂	VB-S	○	○	○	○		○	○		○	○

2. 探伤操作

(1)渗透处理

1)渗透处理可根据被检物的数量、尺寸、形状以及渗透剂的种类选用浸渍、喷洒和涂刷等方法,并在规定的时间内保持渗透剂将探伤部位的表面全部润湿。

2)渗透时间取决于渗透剂的种类、被检物的材质、预测缺陷的种类及大小,以及被检物和渗透剂的温度,一般在 15～50 ℃范围内以表 6－12 所列时间为基准。在 3～15 ℃的范围内应根据温度适当增加渗透时间;超过 50 ℃或低于 3 ℃时,则应根据渗透剂的种类和被检物的温度等另行考虑决定。

某些特殊渗透剂的渗透时间可不受表 6－12 所限,但在试验报告中必须加以说明。

表 6－12　渗透时间和显像时间(指最少时间)

材质	形态	缺陷种类	各种方法的渗透剂	
			渗透时间/min	显像时间/min
铝、镁、钢铁、黄铜、青铜、耐热合金	铸件、焊接件	冷疤、气孔、熔融不良、裂纹	5	7
	轧制棒材、锻件、板材	鳞状缺陷、裂纹	10	7
带硬质合金刀片的工具	—	熔融不良、气孔、裂纹	5	7
塑料	各种形态	裂纹	5	7
玻璃	各种形态	裂纹	5	7
陶瓷	各种形态	裂纹	5	7

注:表中以外的其他缺陷种类,其渗透时间和显像时间不受表 6－12 的限制。

3)在进行乳化或清洗处理前,被检物表面所附着的残余渗透剂要尽可能滴干。

使用水基乳化剂时,应用水喷法排除多余的渗透剂;如无特殊规定,水压一般在 14MPa 左右。

(2)乳化处理

1)可采用浸渍、浇注、喷洒等方法将乳化剂施加于被检物表面,乳化必须均匀。

2)乳化时间取决于乳化剂和渗透剂的性能及被检物表面粗糙度。原则上用油基乳化剂的乳化时间在 2min 内,用水基乳化剂的乳化时间在 5min 内。

(3)清洗处理和去除处理

1)清洗处理和去除处理是为了去除附着在被检物表面的残余渗透剂;在处理过程中既要防止处理不足造成对缺陷显示迹痕识别的困难,同时也要防止处理过度使渗入缺陷中的渗透剂也被洗去。用荧光渗透剂时,可在紫外线照射下边观察处理程度,边进行操作。

2)水洗型及后乳化型渗透剂均用水清洗。使用喷嘴时的水压,在没有特殊规定情况下应不大于 34MPa。

3)溶剂去除型渗透剂用清洗剂去除。除了特别难以去除的场合外,一般都用蘸有清洗剂的布和纸擦拭。不得往复擦拭,不得将被检件浸于清洗剂中或过量地使用清洗剂。

(4)干燥处理

1)在使用湿式显像剂时,经(3)中 2)处理后,应使附着于被检物表面的显像剂迅速干燥。使用干式或快干式显像剂时,干燥处理应在显像处理前进行。被检物表面的干燥温度应控制在不大于 52℃范围。

2)用清洗剂去除时,应自然干燥或用布或纸擦干,不得加热干燥。

(5)显像处理

1)用干式显像法时经(4)中 1)处理后,用适当方法将显像剂均匀地覆盖在整个被检物的表面上,并保持一定时间。

2)用湿式显像剂时，被检物经清洗或清除处理后可直接浸入湿式显像剂中，也可将显像剂喷洒、涂刷到被检物上，然后迅速排除残余显像剂，再按(4)中 1)进行处理。

3)用快干式显像剂时，先要经(4)中 1)处理，然后再喷洒或涂刷显像剂，但切不可将被检物浸于显像剂中。喷涂上显像剂后，应进行自然干燥或用低温空气喷吹干燥。

4)用湿式及快干式显像剂时，显像剂应喷涂得薄而均匀，以略能看出被检物表面为宜，不要在同一部位上反复涂敷。

5)显像时间取决于显像剂的种类、预计的缺陷种类和大小以及被检物的温度等因素。一般在 15～50 ℃范围内按表 6－6 所列的时间为宜。特殊显像剂的显像时间可不受表 6－6 所限，但在试验报告内必须加以说明。

(6)观察

1)观察显示的迹痕应在显像剂施加后 7～30min 内进行，如显示迹痕的大小不发生变化，则可超过上述时间。

2)荧光渗透探伤时，观察前要有 5min 以上的时间使眼睛适应暗室，被检物表面上的标准荧光强度应大于 50lx，着色渗透探伤时应在 350lx 以上的可见光下进行观察。

3)当出现显示迹痕时，必须确定此迹痕是真缺陷还是假缺陷显示。如无法确定，则应进行复验或对该部分进行放大观察，或用其它方法进行验证。

(7)后处理

探伤结束后，为了防止残留的显像剂腐蚀被检物表面或影响其使用，必要时应清除显像剂。清除方法可用刷洗、喷气、喷水、用布或纸擦除等方法。

第三节　机械设备的检查与修理

一、机械设备点检

定期检查制是由定期保养制改革发展而成，都是为了保持机械技术状况，延长使用寿命这个共同目标。定期检查制取消了二、三级保养，而在保留每班和一级保养的基础上，增加了日常点检和定期点检，以及不定期的专项检查。定期检查制的分级和作业内容见表 6－13。

(1)日常点检

日常点检是由操作人员每班对机械进行维护作业中的一项主要工作，其目的是及时发现机械运行中的不正常情况并予以排除。

表 6－13　定期检查制的分级和作业内容

分级	对象	间隔期	检查目的	检查内容	需用时间	实施部门	执行人
日常点检	有专人操作的机械	每班	为了保证机械每班正常运行，不发生故障	异响、漏油、振动、温度、油量、清洁、紧固、调整	5～10min	机械使用部门	操作人员
定期点检	重点机械	定期(一个月以上)	保证机械的正常性能	测定机械劣化程序，确定技术性能，发现故障隐患	2～3h	机械维护部门	维修人员
专项点检	重点机械	根据需要	保证机械达到规定的技术性能	对定期点检中不能确定的问题作精细的检查、测定和分析	2～3d	机械维护部门	维修人员

检查方法是利用人的感官和简单的检查工具以及机械上的仪表和信号标志等进行检查。

具体做法是由操作人员按照机械管理部门编制的重点机械点检卡逐点逐项进行检查，按照点检卡要求以各种符号进行记载。检查中发现不能立即排除的问题，按工作流程反馈给有关部门，安排计划修理，以消除隐患。

日常点检主要检查有专人操作的机械，由操作人员检查是否有异响、漏油、振动、温度、油量、清洁程度、紧固、调整等事项，必须每班检查。

(2)定期点检

定期点检是在机械运行一定时间后需要进行的逐点检查，以专业维修人员为主，操作人员参加，定期对机械进行检查。检查的目的是发现和记录机械出现异常、损坏及磨损等情况，以便确定修理的部位、类别和时间等，根据安排计划修理。

定期点检是一种有计划的预防性检查，并应配合定期保养作业。检查的手段除人的感官外，还要用一些检查工具和仪器，按定期点检卡所列项目和要求进行，并在定检卡上作出记录。

(3)专项点检(精密检查)

专项检查是定期点检的补充和完善，通过定期点检尚不能掌握情况，有必要作进一步检查的重点机械关键部位，由机械技术人员主持，维修和操作人员参加，根据检查情况，填写专项检查记录，并有针对性地安排维修，防止事故的发生。

定期检查可结合各级保养作业来进行。当机械设备使用到原定的大修期时，要进行彻底检查和技术鉴定，由技术人员与操作使用人员进行协商，制定延长大修期，并报主管部门审核。当运转到延长期满时，须重新检查、鉴定，再确定送修或继续使用。如机械调整后仍不能达到原定的修理周期，但在使用或检查中发现性能下降、性能不稳定和经常调整维修仍不能消除的故障时，必须进行修理。定期检查时填写“技术鉴定表”，格式见表 6－14。

表 6－14　机械设备技术鉴定表

填报单位：　　　　　　　　　　年　月　日

机械名称		规格		机械编号	
驾驶员姓名		大修后运转台时（或公里数）		上次保养类别及时间	
上次保养后运转台时或公里数		本次修理类别		拟延长台时（或公里数）	
驾驶员（机工）意见	驾驶员（机工）：　　年　月　日				
技术鉴定	鉴定人：　　年　月　日				
主管部门竟	主管人：　　年　月　日				

二、机械修理方式与修理分类

1. 施工机械修理制的主要方式

(1)计划预期检修制

1)根据零件在使用期内发生故障的规律性，通过统计资料找出零件磨损规律，然后把零件的寿命划分成简单的等级间隔期，如图 6－5 所示，据以安排相应的保养作业，使零件在寿命结束前更换或修理，以最大限度地利用零件。同时可以在很大程度上减少突发性故障的发生，确保机械的正常使用，这是一种有效的预防性措施。

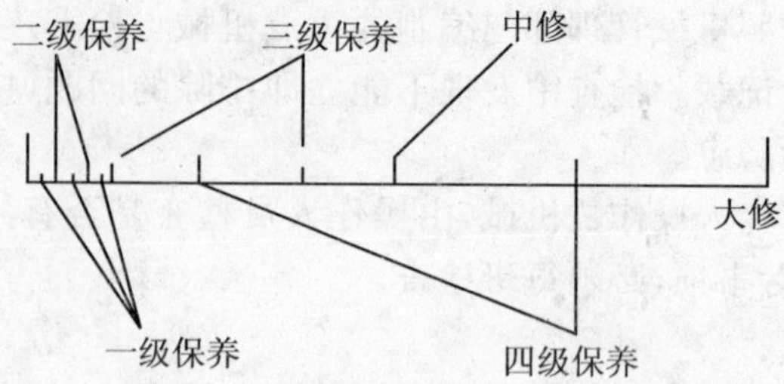

图 6—5　维修等级间隔期示意图

2)机械修理按其修理内容及工作量划分为若干不同的修理类别,根据零件磨损规律确定每种修理类别之间的关系和间隔期(图 6—6),使不同的修理类别组成一个计划修理系统,从而形成一个建立在零件平均磨损基础上的定期修理体系。

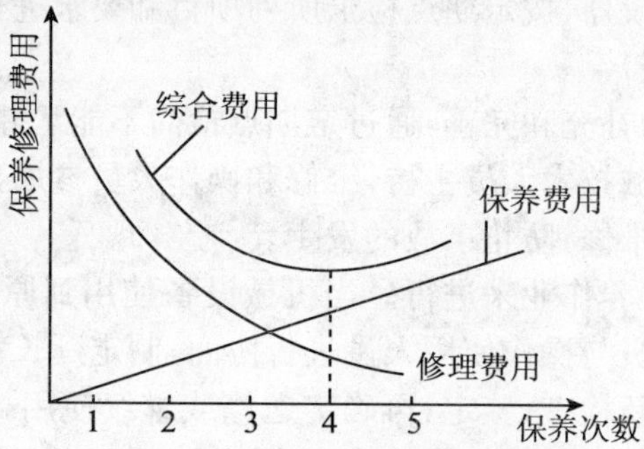

图 6—6　保养修理综合成本曲线

(2)按需修理维修制

按需修理维修制是预防检修制的维修制度。根据机械设备的运行周期,采取和应用机械设备诊断技术和仪器,通过一定的检测手段,检查了解机械的技术状态,发现存在的隐患,有针对性地安排修理计划,以排除这些缺陷和隐患。

定期检查、按需修理的方式接近于机械的实际情况,因而安排的修理计划接近于机械当时的状况和切合机械缺陷所需要的修理,具有修理及时且费用低的优点。但实行定检定项修理制必须具备一定的检测仪器、设备和掌握一定的诊断技术。

(3)预知维修制

预知维修不仅强调机械的可靠性和维修性设计,而且为了减少机械寿命周期费用、提高机械效率,还强调机械的经济效益。

预知维修制采用先进的检测诊断技术,对机械进行不解体检测,结合信息分析和处理,就可以比较准确地了解机械的实际状态。根据检测和诊断中发现的缺陷来安排修理项目,更能符合实际情况。这种按机械实际情况和需要及时安排修理的方式,针对性强、效率高,可以节约大量的维修费用和材料消耗,从而消除了维修中难以避免的盲目性。

2. 施工机械的修理工作划分

根据机械修理内容、要求以及工作量的大小,将机械修理工作划分为大修、项修、小修。

(1)大修

大修是指机械大部分零件,甚至某些基础件即将达到或已经达到极限磨损程度,不能正常工作,经过技术鉴定,需要进行一次全面彻底的恢复性修理,使机械的技术状况和使用性能达到规定的技术要求,从而延长其使用寿命。

大修时,机械应全部拆卸分解,更换或修复所有磨损超限的零件,修复工作装置及恢复机械外观。因此,大修的工作量大、费用高。

(2)项修

项修是以机械技术状态的检测诊断为依据,对机械零件磨损接近极限而不能正常工作的少数或个别总成,有计划地进行局部恢复性修理,以保持机械各总成使用期的平衡,延长整机的大修间隔期。

长期定行的计划预期检修制度有中修项目,它是在机械一个大修间隔期中间执行的平衡性修理,由于它忽视了机械的具体情况,会造成过剩修理和误修,已有较多的施工企业采用项修来代替中修。

(3)小修

小修是指机械使用和运行中突然发生的故障性损坏和临时故障的修理,又称故障修理。对于实行点检制的机械,小修的工作内容主要是针对日常点检和定期检查发现的问题,进行检查、调整,更换或修复失效的零件,恢复机械的正常功能。

对于实行定期保养制的机械,小修的工作内容主要是根据已掌握的磨损规律,更换或修复在保养间隔期内失效或即将失效的零件,并进行调整,以保持机械的正常工作能力。

机械大修、项修、小修作业内容比较见表 6—15,检修周期见表 6—16。

表 6—15　机械大修、项修、小修作业内容比较

类别 标准要求	大修	项修	小修
拆卸分解程度	全面拆卸	对需修总成部分拆卸分解	拆卸有故障的部位和零件
修复范围和程度	检查、调整基础件,更换或修复所有磨损超限零件	对需修总成进行修复,更换修理不合格件的零件	更换和修理不能使用的零部件
质量要求	按大修工艺规程和技术标准检查验收	按预定修复总成要求验收	按机械完好标准验收
表面要求	表面除去全面旧漆,打光、喷漆或刷漆	局部补漆	不进行

表 6—16　常见建筑机械的修理间隔期

机械名称	修理间隔期(h)		停修时间(d)		备　注
	大修	中修	大修	中修	
10t 以下起重机:					
轮胎式	6 400	3 200	45	30	1600/2(15)
汽车式	4 800	2 400	40	20	1200/2(10)
机动翻斗车	4 200	2 100	20	7	
内燃发电机(12～60kW)					
空压机(3～9m³/min)					
小功率内燃机					
塔式起重机(40～80t・m)					
卷扬机					

注:表 6—16 主要为部分机械大、中修间隔期,仅供参考。

三、机械修理的组织方法与方式

(一)机械修理作业的基本方法

1. 就机修理法

就机修理法是指在整个修理过程中,将零件从机械上拆下,进行清洗、检验、分类,更换不能修复的零件,修复需修的零件,最后分别组装成组合件或总成,重新装回原机,直到原机全部修复。

由于零件、合件、组合件、总成的损坏程度和修理工作量不同，所需修理时间也不一样，采用就机修理法常影响修理工作的连续性，整个机械的装合修竣，往往要等待修理时间最长的零件、合件、组合件或总成的修竣才能进行，因此机械停修期较长。但在修理量不大，承修机械类型复杂和周转总成缺乏的修理单位，仍适用这种方法。

2. 总成互换修理法

总成互换修理法是指机械修理过程中，除原有机架应原件修理，不予互换外，将其余已损坏的组合件、总成从机械上拆下，换用预先修好的总成或组合件装配成整机出厂。所有拆下的总成或组合件另行安排修复，待修竣并检查合格后，再补充到周转组合件或总成的储备量中，以备下次换用。

采用这种方法，可以保证修理装配工作的连续性，从而大大缩短机械的停修期，而且为采取先进的流水作业法创造了有利条件。更有利于提高工效，降低成本，保证质量。对修理量大、承修机型较单一和具备一定数量周转总成的修理单位较为适合。

(二)机械修理作业的方式

1. 定位作业法

定位作业法是指机械的拆卸和装配都固定在一定的工作位置上完成，拆卸后，组合件或总成的修理作业，可分散到各专业组进行。它的优点是占用场地小，设备简单，在装合时不受连续性的限制。缺点是总成及组合件的工艺路线较长，且劳动强度大，工效低，一般适用于修理规模不大、承修机型复杂、采用就机修理的小型修理单位。

2. 流水作业法

流水作业法是指机械的拆卸和装配都在流水线上进行。流水线可分连续流水和间歇流水两种，前者是指机械的拆卸和装配是在始终流动着的流水线上进行的，而后者则是每流到某一工位时停歇一段时间，待完成规定的作业后，继续流到下一工位。这种作业方式的优点是专业化程度高，总成和组合件的工艺路线短，但需要完善的设备和较大的投资，因此只适用于修理机型简单，并已采用总成互换修理法的大型修理厂。

四、机械设备的委托修理

1. 设备委托维修管理

设备委托维修是指企业中的独立核算生产单位(如分厂、分公司等)，由于内部在维修技术条件或维修能力方面不能满足生产对维修任务的要求，或者从本单位经济效果方面权衡，自行修复不如委托专业维修单位进行维修更为合算时，往往需要将这些维修任务委托给其他单位(主要是设备专业维修厂、专业设备制造厂)进行维修。有关这些方面的业务称之为设备委托维修的管理。

(1)委托维修单位应掌握的原则

为保证托修任务按照合同及验收标准保质保量按期完成，以满足生产要求，托修单位应掌握如下主要原则：

1)本企业设备修造厂及各专业厂可以承修的设备维修任务，原则上应安排由本企业完成，以尽可能发挥企业内部潜力。

2)对需要进行对外委托的设备维修项目，要通过调查研究，选择取得国家有关部门资质认定证书，并持有营业执照，维修质量高，能满足进度要求，费用适中，服务信誉好的承修企业。

3)优先考虑本地区的专业维修厂、设备制造厂。

4)对于有特殊专业技术要求的委托维修项目,应尽量选择专业设备制造厂。如起重设备、电梯、锅炉、受压容器等,承修单位必须有主管部门颁发的生产、制造、安全许可证。

5)对于重大、复杂的工程项目及费用超过一定额度的大项目,应通过招标来确定承修单位。

(2)承修单位应具备的条件

从事设备维修的企业应具备必要的条件,以保证设备维修质量和进度,保障委托维修单位的利益。

1)必须具有城市有关主管部门认定的资质等级证书。

2)要有合法的营业执照、银行开户行账号和正规的发票。

3)注册资金应达到一定的数额。

4)维修场地、工艺装备及其他设施要达到承修任务所必须的基本要求。

5)必须拥有与承修任务相关的技术资料、质量标准,同时应拥有相应数量的、经验丰富的、掌握多方面的知识和技能的中高级设备工程师及工人技师指导或参与设备维修工作。

6)要有符合实际需要的质量保证体系和完善的检测手段。

7)要有计算承修费用和价格标准的规范方法及有关规定,作为委托与承修双方议定价格的基础。

2. 办理设备委托修理手续

(1)分析确定委托修理项目。根据年度设备修理计划和使用单位的申请,企业的设备管理部门经过仔细分析,确定本企业对某些设备在技术上或维修能力上不具备自己修理的条件,经主管领导同意后,方可对外联系办理委托修理工作。负责办理委托修理的人员,应熟悉设备修理业务,并了解经济合同法。

(2)选择承修企业(修理单位)。通过调查,选择修理质量高、工期短和服务信誉好的承修企业。应优先考虑本地区的专业修理厂或设备制造厂。对重大、复杂的设备修理项目,可招标确定承修单位。

(3)与承修企业协商签订合同

签订承修合同一般应经过以下步骤:

1)委托企业(甲方)向承修企业(乙方)提出“设备修理委托书”,其内容包括设备的编号、名称、型号、规格、制造厂及出厂年月,设备实际技术状态,主要修理内容,今后应达到的质量标准,要求的停歇天数及修理的时间范围。

2)乙方到甲方现场实地调查了解设备技术状态、作业环境及条件。如乙方提出要局部解体检查或进行试运转检查时,甲方应给予协助。

3)双方就设备何时拆运到承修企业修理、主要部位的修理工艺、质量标准、停歇天数、验收办法及相互配合事项等进行协商。

4)乙方在确认可以保证修理质量及停歇天数的前提下,提出修理费用预算(报价)。机械修理费一般由工时费、油料费、外购和自制的配件费、辅助材料费、油漆和机械费等直接费及管理费组成。当前一般采用配件费按实际消耗结算、其余费用按定额包干的计费方式。也可以采用全部包干计费结算办法,这样有利于提高承修单位节约材料配件的积极性,但必须有严格的质量标准来保证。

5)通过协商,双方对技术、价格、进度以及合同中必须明确规定的事项取得一致意见后,签订合同。

3. 设备委托维修计划的编制

设备委托维修计划是企业年度、季度设备检修计划的重要组成部分，应在编制年度设备大修计划的同时，根据委托维修的原则，将本年度的托修项目按季、月和维修类别(大修、项修、改造)，编制出年度设备委托维修计划。

(1)委托维修计划的编制

根据年度维修计划的安排，由机械、动力师提出委托维修计划方案，计划维修员汇总整理，编制分厂设备委托维修年度计划。经机动、生产、财务等部门从人力、物力、财力及时间安排等方面综合平衡并会签后，由分管厂长批准，并于10月份报总厂机动科(处)组织审定。经总厂有关部门与厂长审定后的年度委修计划，作为实施与考核的依据。

(2)委托修理费用预算

委托修理费用预算是委托单位的计划人员根据委托修理技术文件中提出的维修项目、内容和技术要求，参考以往同类委托修理实际支付费用并依据现行有关定额计算的维修费用，并在年度计划中列入预算的计划费用。承修单位则通过修前预检，提出施工工艺方案，按照城市设备维修行业通用的规范计算出维修工程成本和运营费用。双方在有准备的基础上议定合同价格，以便根据工程进度进行拨款和竣工后的结算。预算工作的质量直接影响委托方的支出与承修方的收入，双方必须认真对待，慎重从事。

委托单位估算维修费用可采用以下三种方法。

1)根据维修费用定额估算。需修设备的维修类别(一般分为大修、项修、小修、改装等)确定后，以本企业统一制定的相应定额(即分类设备每一维修复杂系数按维修类别制定的工时定额、材料消耗定额、维修费用定额等)，估算维修费用。

2)根据以往同类设备同一维修类别的实际委托修理结算费用，计算出平均每一维修复杂系数实际支付的费用，作为估算的依据。

3)根据编好的维修技术任务书、施工图纸、工艺方案与各类定额、价格手册等编制预算。下列公式可供应用参考：

委托修理预算费用＝维修成本费(1＋运营费率)＝(材料费＋备件费＋工时费＋外委劳务费)×(1＋间接费用率)×(1＋运营费率)

式中 材料费＝材料(i)预计耗用量×材料(i)计划单价(i＝1、2、3、…、n)，材料单价依据企业财会部门与供应部门合作编定的或认可的适用于本地区的《材料预算计划价格手册》确定。

备件费(包括自制备件费与外购配套件费)＝ 备件(i)预计更换量×所换备件(i)的计划单价(i＝1、2、3、…、n)，备件计划单价依据企业财会部门规定的自制备件与外购配套件的出库价格。一般为入库价格×(1＋保管费率)。

工时费＝分类工种(i)的工时量×分类工种(i)的每工时费用(i＝1、2、3、…、n)，每工种费用依据财会部门与劳资部门合作编定的普通各类工种、特定设备工种(含该设备的台班费)的工时计划(预算)费用。

外委劳务费是指承修单位委托外单位施工部分需付出的劳务费用，可分项目估算后汇总。

间接费用包括未计入上述费用的动能、常用工具、辅助材料、辅助工时、折旧费、管理人员工资等车间管理费应分摊的费用。由企业财会部门制定各独立核算的专业厂或车间的间接费用率，一般为成本费用的5％～7.8％，如果企业已将上述间接费用摊入工时费中，则不应再计入间接费用率，即公式中的间接费用率为零。

运营费是企业经营运销工作中发生的运营管理费，上交利税、企业利润等工程、产品所应分摊的费用。运营费率一般按成本费用的百分比确定。城市行业管理部门为使其规范化，通常规定了本行业的有关的运营费率范围，一般为8.2%～10%。

应当注意的是编制单位必须认真执行国家、地区、城市有关主管部门制定颁发的有关编制工程预算、决算的各种文件和规定。

根据上述三种估算结果，经有关人员议定出本年度计划费用，由部门领导批准，用作委托修理费用预算。

为保证委托修理费用预算的质量，委托修理部门有关人员要充分重视原始资料的积累、汇总整理和研究分析，为今后应用打好基础。

4. 设备委托修理的实施

(1)承修单位的选择

委托单位根据年度设备外委维修计划、委托修理应掌握的原则、承修单位应具备的条件初选出承修单位并进行业务联系，对各初选单位反馈的信息做综合分析，重点从生产安排、维修质量、费用支付、服务信誉等方面权衡利弊，最后择优确定承修单位。对所选的承修专业维修厂、设备制造厂应考虑建立较长期的稳定的协作关系。

(2)承修单位专项维修费用预算与报价

承修单位根据维修技术文件和现场预检结果，制定维修工艺和施工方案，同时按照地区、城市主管部门颁发的规程，编制工程费用预算。在预算的基础上提出报价。托修单位应及时审查预算质量，双方协商解决有关问题，议定合同价格，为签订合同创造条件。工程竣工验收后做出的决算，应对照预算找出较大的差异及其产生的原因，做出盈亏分析，以便吸取经验教训，纠正差错。

(3)维修合同的签订

1)托修单位(甲方)向承修单位(乙方)提出“设备维修委托书”(也可以“设备大修卡”代替)。其内容包括：设备的资产编号、名称与型号、规格、制造厂及出厂年份；机、电、热修理复杂系数；设备加工工艺及技术要求；设备存在的主要缺陷；要求修换的主要零部件与外购配套件目录(其中包括托修单位可提供的备件项目)；设备动力部分的维修改装要求；设备精度检验记录；修后应达到的质量标准和要求；计划的停歇天数及维修安排的时间范围；联系人及电话等。

2)乙方到甲方现场实地调查了解设备状况、作业环境及拆装、搬运条件等，如乙方提出局部解体检查及其他需要配合的要求，甲方应给予协助。

3)双方就设备是否要拆运到承修单位进行维修，主要部位的维修工艺、质量标准、停歇天数、验收方法及相互配合事项等进行协商。

4)乙方在确认可以保证维修质量、改装要求及停歇天数要求的前提下，提出维修费用预算(报价)。

5)通过协商，双方对技术、价格、进度及合同中必须明确规定的事项取得一致意见后，签订合同。

(4)维修验收

委托维修验收是保证设备修后达到规定的质量标准和要求、减少返工维修、降低返修率的重要环节。承、托修双方在工作中一定要严把质量关，把质量问题发现并解决在维修作业场地。

1)设备大维修必须按技术文件中标明的内容完成，并按精度(性能)标准验收。

2)维修好的设备首先由承修单位质量检查部门进行外观检查、精度检验，并经空运转试车符合规定的标准与要求后，签发维修合格证，之后再由承、托修双方共同作负荷试车(即加工产品,检查加工质量),合格后双方在"维修竣工验收单"上签字,即可将设备运回生产场地安装调试生产。

3)承修单位在维修任务将要完成交质量检查部门全面验收之前,应及早通知托修单位准备试车验收,托修单位接到通知后应立即做好试车准备工作,派人前往联系,商定具体时间进度,按期进行设备试车验收,不得拖延。

4)对于项修设备的验收,应根据维修技术文件中的验收标准和合同中的说明进行,并以满足生产工艺要求为基本验收条件。

5)承修方在设备维修验收后应将全部维修文件(包括修理方案、改装部位、换件明细表等)交给委托方,以便于委托方查阅。

6)托修的设备应规定保修期,具体期限由甲乙双方事先议定,写入合同中,目前国内许多企业定为半年。在保修期内承修单位接到托修单位由于发生故障要求返修的通知,应及时派人前往现场了解故障原因。属于维修质量造成的故障,应由承修单位负责抢修,其费用由承修单位承担,并按合同中的规定负担用户的停产损失。如解体检查前难以确定故障原因和责任,承修单位也应先承担排除故障的维修,其维修费用应由最后确定的责任者一方承担。

7)承、托修双方在检查验收中,对维修内容、维修标准、验收与否有争议时,应尽量协商解决。如合同发生纠纷难以协商解决时,双方均可申请经济合同仲裁机构或行业主管部门协商仲裁解决。

5. 设备委托修理合同的主要内容

(1)委托单位(甲方)及承修单位(乙方)的名称、地址,法人(或法人代理人)及业务联系人姓名、开户银行、账号、邮编。

(2)所签合同的时间与地点。

(3)所修设备的资产编号、名称与型号、规格及数量。

(4)维修作业地点。

(5)主要维修内容。

(6)甲方应提供的条件及配合事项。

(7)维修费用总额(即合同成交额)及付款方式。

(8)验收标准和方法,以及乙方在维修验收后应提供的技术记录和图纸资料。

(9)停歇天数及甲方可供维修的时间范围。

(10)合同任何一方的违约责任。

(11)双方发生争议事项的解决办法。

(12)双方认为应写入合同的其他事项,如:保修期,安全施工协议的签订及乙方人员在施工现场发生人身事故的技术资料、图纸的保密要求,包装与运输要求及费用的负担等。

(13)如需要提供担保,另立合同担保书,作为本合同附件。

以上有些内容如在主标准格式的合同用纸中难以说明时,可另形成附件,并在合同正本中说明附件是合同的组成部分。

6. 执行设备委托修理合同应注意的事项

在执行设备委托修理合同中,双方都应认真履行合同规定的责任,并应着重注意以下事项:

(1)设备解体后,如发现双方在签订合同前均未发现并在委托书中没有标明的严重缺损状况,乙方应立即通知甲方商定,甲方应主动配合乙方研究措施补救,以保证按期完成维修合同。

(2)甲方要指派人员到维修现场监督检查维修质量及进度，如发现问题，及时向乙方提出，并要求乙方采取措施纠正或补救。

(3)在企业内部负责委托维修的部门要做好工艺部门、使用单位和设备管理部门之间的协调工作，以保证试车验收工作顺利地进行。

(4)维修验收投产后，甲乙双方要经常保持联系，互通信息，特别是在保修期内发生较大故障时，承修单位接到通知后，应立即派人赶赴现场，分析原因，采取积极措施予以排除。

(5)对于支出费用较大的工程，一般在开工前支付30%的预付款，工程验收后再支付60%，暂留10%作为质量保证金，待保修期满合同完全履行后再支付给承修方。对于特大工程可根据工程进度分期支付工程进度款，但合同付款方式中要有说明。对于小工程可不规定预付款。

五、机械设备的计划修理

(一)机械大修(项修)的送修标志

机械的主要总成达到下列各种损坏标志的一项时，该总成即需进行大修(即项修)；机械的多数总成达到大修标志时，该机械即需进行大修。

(1)发动机大修的标志

1)动力性能显著降低。经调整后仍进行无力，需减少载荷，如轮式机械较正常情况要挂低一个挡，其他机械比额定载荷减少15%以上；燃油消耗率显著增加；怠速运转不稳定或达不到最低转速。

2)气缸内壁磨损。其不圆度及不圆柱度超过使用限度，以致气缸压力下降，在热车时测量各搪的压缩压力为标准压力的60%以下。

3)机油消耗量显著增加，压力下降。在没有外漏的情况下，其最后运转100h的机油漆加量(不包括更换机没的数量)，超过定额100%以上；运转中曲轴箱通气管口或机油注入口大是冒烟；机油压力降到最低使用限度。

4)在热车运转时，连续发生较严重的敲击声。

(2)电动机、发电机大修标志

1)在额定载荷下测量线圈温度，其最高温度超过规定值。

2)线圈烧损、断路、短路。分绕组各接头处有烧焦脱焊现象，或测量绝缘电阻不符合规定。

3)转子轴有弯曲、松动、裂纹、轴头磨损逾限，滑环整流子烧损、磨蚀到极限，绝缘不良，铁芯嵌线槽内绝缘有枯焦脱出现象，以及炭刷架破损变形，需彻底整修。

(3)空气压缩机大修标志

1)风量风压显著降低，在各阀及调节器等有关部分调整后仍达不到额定能力，排气量比额定减少25%。

2)在没有外漏的情况下，机油消耗量增大，排所口有严重喷油现象。最后运转30h内的机油添加量(不包括更换机油的数量)超过定额100%。

3)在热车运转时，连续发生严重的敲击声。

4)气缸内壁磨损，其不圆度及不圆柱度超过使用限度。

(4)变速器、减速器、差速器大修标志

1)壳体破裂，需拆下解体焊补或换新。

2)各轴承座孔磨损，需彻底修整。

3)齿轮及轴磨损、松旷,运转时有振动或跳挡现象及不正常响声。

4)锥形齿轮磨损,间隙过大,无法调整。

(5)转向桥、驱动桥大修的标志

1)工字梁及转向节断裂变形,需要更换或修整。

2)转向机构的蜗轮、蜗杆及各连接件磨损,调整无效。

3)转向驱动桥的桥壳破裂或减速、差速齿轮、万向节及半轴花键磨损松旷,需彻底修整。

4)驱动桥变形或桥壳破裂,需修理或更换。

(6)动力操纵机构大修的标志

1)动力操纵器及分动器壳体破裂、变形。需解体修补或更换。

2)各齿轮及轴磨损、松旷,有1/3以上需修换。

3)油压操纵器壳体、油泵轴头及齿轮磨损松旷,以致油压降低、操纵失灵、调整无效。

(7)离合器、转向离合器大修的标志

1)离合器、外壳、压盘及分离杆破损、磨损、翘曲超限,以及摩擦片磨损、变硬,需全部换新。

2)油压助力器壳体、柱塞、油泵轴头、齿轮等磨损松旷或离合器操纵机构各部零件磨损过甚,无法调整时。

(8)驱动机构大修的标志

1)主动接盘,最终减速箱壳破裂,各轴承座孔磨损超限及大部分花键轴、驱动轮、半轴磨损、弯曲或断裂需修换。

2)驱动轮或链轮磨损超限,减速齿轮磨损松旷。运转时有异响,须解体整修。半数以上的轴承及油封磨损需修换。

(9)车架(机架)大修标志

1)车架大梁严重变形或破裂,需拆下各总成进行修补校正。

2)车架各部分锈蚀,铆钉松动及销子磨损须彻底整修。

3)回转台、下行走支架及大梁损坏变形,需解体修补或校正。

4)回转齿圈、导轨、平衡滚轮等大部分磨损超限。

(10)卷扬机构大修的标志

1)齿轮箱壳破裂或轴承子座孔磨损松旷,卷筒壁厚磨损松旷,需解体修整或更换。

2)各齿轮、轴、轴承磨损变形,离合器的摩擦零件磨损需修整或更换,以及半数以上滑轮损坏需修换。

(11)其他大修标志

其他总成可参照上列类似总成的标志确定。

(二)修理计划的编制

1. 施工机械年度修理计划编制

(1)年度修理计划的编制依据

年度修理计划是企业全年机械修理工作的指导性文件,目的是掌握全年机械大修数量,统筹安排修理数量和编制年度材料、配件供应、储备计划,以及大(项)修理费用计划等。进行年度修理计划的编制依据主要有:

1)上年度机械修理计划及执行情况。

2)下年度计划使用的机械名称、型号、数量以及全年、各季度和每个月计划使用运转台班(或小时)数。

3)年度计划编制前的机械普查。

4)每台机械已运转台时,掌握机械实际技术状况。

5)规定的机械修理间隔期、工时和停修天数定额。

6)配件、材料储备及供应情况,以及周转总成的数量。

(2)年度修理计划的编制程序

年度修理计划编制,一般有收集资料、编制草案、平衡审定和下达执行四个程序:

1)收集资料。在正式编制计划前,应收集机械定期检查记录、故障修理记录、技术状况普查记录以及机械履历书等原始资料,并掌握下年度施工生产任务、配件库存、供应情况,以及有关定额资料等。

2)编制草案。根据各机械使用单位提出的修理申请表,参照上述各项资料,统筹安排,编制出年度机械修理计划草案。

3)平衡审定。组织有关机械人员对修理计划草案进行讨论,并分送有关部门(计划、施工、财务、物资及修理单位等)征求意见,经过综合平衡,正式编制年度机械修理计划。

4)下达执行。每年 12 月初,由企业计划部门下达下年度机械修理计划,作为企业经营计划的重要组成部分进行考核。

(3)年度修理计划的编制内容

年度机械修理计划应包括:机械名称、编号、使用单位、修理类别、送修和竣工日期、修理费用预算以及计划承修单位等内容(表 6—17),有计划编制说明,指出计划特点、注意事项以及保证计划实施的具体措施等。

表 6—17　机械设备________修理计划表

填报单位:　　　　　　　　　　　　　　　　　　　　　　　　年　　月　　日

序号	管理号码	机械名称	型号规格	上次大修日期	大修后三保次数	末次三保日期	大修后已运转台时或走行公里	计划修理时间				自修	委外	计划费用	备注
								一季	二季	三季	四季				

单位主管　　　　　　　　　　　　审核　　　　　　　　　　　　制表

2. 施工机械季度修理计划编制

季度修理计划是年度修理计划的实施计划,必须在落实停修时间、修理技术及生产准备工作的基础上编制。编制前应掌握下列情况:

(1)本季度计划修理项目的实际进度,并分析预测到季末可能完成进度。

(2)下季度计划送修机械的送修前技术鉴定资料,分析是否应提前或推迟送修期。

(3)计划中的重点机械能否按规定时间送修,如何调整修理进度。

(4)主要配件、材料和周转总成的准备情况。

(5)修理人员安排。计划草案制订后,送生产、计划、使用、修理单位征求意见,落实停修日期。作好修前技术、生产准备和劳动力平衡工作后,正式制定季度机械修理计划,作为机械送修依据。

修理单位应根据季度计划，编制季度生产计划和技术组织措施，并下达车间执行。

3. 施工机械月份修理计划编制

月份修理计划是季度修理计划的分解，是执行修理计划的作业计划，是组织修理作业的具体行动计划，是检查和考核企业修理工作好坏的最基本的依据。

在月份修理计划中，应列出应修项目的具体开工、竣工日期，对跨月份项目可分阶段考核。应注意与生产任务的平衡，要合理利用修理资源。一般每月中旬编制下一个月份的修理计划，经有关部门会签、主管领导批准后，由生产计划部门下达，于生产计划同时检查考核。

月份修理作业计划由修理单位计划员负责编制，并组织修理车间技术人员、修理班组长讨论审定。对一般的机械大修，可采用"横道图"式作业计划，并加上文字说明和措施要求；对于结构复杂的大型、重点机械的大修，应采用网络计划技术。计划的编制要体现以最经济的人力和时间，在保证修理质量的前提下，力求缩短停修天数，达到按期或提前完成机械修理任务的目的。

(1)编制月份修理作业计划的依据

1)上月修理作业计划的执行情况，需要跨月的计划项目；

2)送修单位提供的机械技术鉴定资料和修理项目要求，以及确切的送修日期；

3)修理单位有关工种的能力和技术水平，以及可提供的作业工时；

4)材料配件和周转总成的准备情况；

5)有关机械修理定额、标准、规程、规范等技术文件。

(2)月份修理作业计划的内容

1)修理作业程序和进度要求；

2)分阶段、分部作业所需的分工种人数、工时和作业天数；

3)各分部作业先后程序及相互衔接要求；

4)需要外协加工的项目和时间要求；

5)对物资供应的要求；

6)有关质量、安全的技术措施。

(三)修前准备工作

(1)机械修理前调查。修理单位技术人员负责修前技术状况调查，查阅机械履历书或技术档案，主要是历次修理记录、近期检查记录等，以了解机械技术状况的历史和现状。第一次修理的新型机械，应查阅机械说明书、熟悉机械的性能、结构及修理中应注意的部位。必要时可到现场观察机械运转情况，并向机械操作人员和维修人员了解机械情况、存在问题以及对修理的具体要求等。如发现机械的劣化程度与计划中确定的修理类别不符时，应及时通知计划编制单位和送修单位。

(2)编制大(项)修理技术任务书。编制大(项)修理技术任务书的内容力求具体、准确，内容包括修前技术状况、主要修理项目及内容、质量要求等。如需结合修理进行局部改装或改造时，应将改装或改造内容列入任务书中。对于跨车间的修理项目，可分别编制任务书，但须配合一致，防止脱节。对于简单的项修，可编制简化的修理任务单代替任务书。

(3)编制备料清单。在全部掌握机械技术状况及需修项目的基础上，应列出需要更换的主要零部件备料清单，作好供应准备，库存量不足的配件应尽快外购或联系加工，以避免修理中的待料，这是按期完成修理计划的重要保证。对于修理中常用的原材料、辅助材料等也应作好充分准备。

(四)机械修理计划的实施

(1)每季一个月前,应对下季度计划送修的机械,包括未列入年、季度计划但实际情况需要修理的机械进行技术鉴定,确定其是否送修,并将鉴定结果报送计划编制单位,作为编制下季度计划的依据。

(2)送修单位应按计划确定的时间准时送修,如因特殊情况不能按时送修时,应事先将不能送修的原因和要求改变的送修时间通知计划编制单位和承修单位,由计划编制单位进行处理。

(3)修理单位应按季度计划编制月度作业计划,并于月末后十日内将计划完成情况列表上报主管部门。如未能完成计划应说明原因。

(4)各级领导在安排和检查施工生产计划的同时,要安排和检查机械修理计划,及时处理计划执行中存在的问题。

六、施工机械修理作业计划编制

(1)修理作业计划编制的依据

1)季度计划的各项要求。

2)上月修理作业计划执行情况,跨月修理的计划项目。

3)送修单位提供的机械技术鉴定资料和修理项目要求,以及送修日期。

4)修理单位相关工种的能力和技术水平,以及可提供的作业工时。

5)配件、材料、周转总成的准备情况。

6)有关机械修理的定额、标准、规程、规范等技术文件。

(2)修理作业计划的内容

1)修理作业程序和进度要求。

2)各阶段、各作业所需的工种人数、工时及作业天数。

3)各分部作业先后程序及相互衔接要求。

4)需要外委加工的项目及时间要求。

5)对物资供应的要求。

6)有关质量、安全的技术措施。

七、机械设备修理的基本过程

机械修理有多种工艺作业,按规定顺序完成这些作业的过程称为工艺过程。不同的作业方法有不同的工艺过程,图 6－7 所示为机械修理和总成互换相结合的作业方法。

八、机械设备备件管理

1. 配件技术资料管理

配件技术资料是编制配件供应计划、组织配件生产、对入库配件进行检验以及编制各项技术经济定额的主要依据,是配件管理的基础资料。

(1)配件目录。配件目录是机械所有零件的目录,包括:名称、图号、件号、规格尺寸、材质、单重和每机安装数。它是掌握机械所有零件构成情况的工具书,所有配件账、卡都以统一的目录编号为依据,是编制配件计划必不可少的基础资料。

(2)配件图册。配件图册一般包括机械的主要零部件图、总成装配图、传动系统图、液压系统图、电气系统图、轴承位置分布图等，是了解机械结构和零部件装配关系以及通用件的件号（如轴承、传动皮带等）等的技术资料，作为编制配件供应计划的参考依据。配件图册一般由生产厂随机供应，由企业资料室保管，需用时借阅。

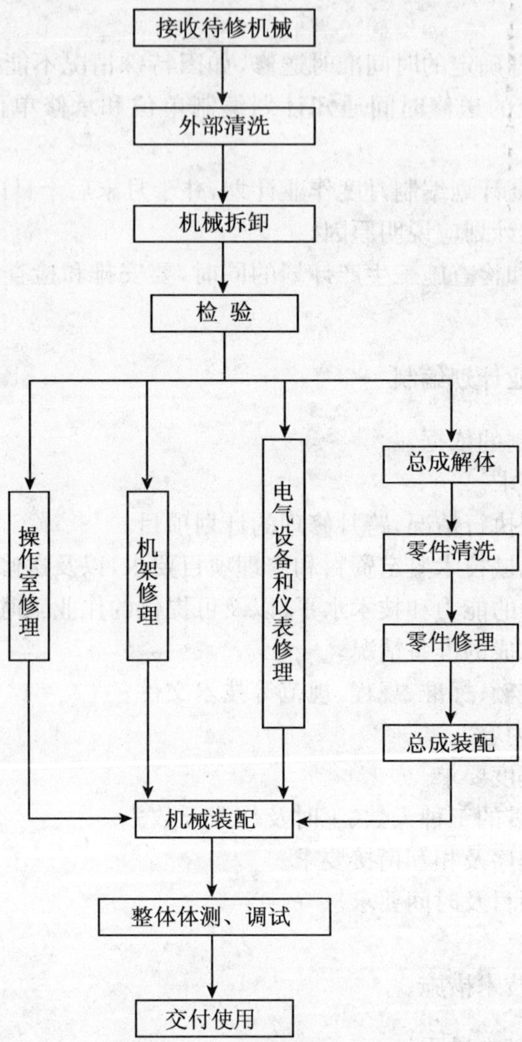

图 6－7　机械修理工艺过程

（3）配件图纸。配件图纸是制作配件的加工图纸，应有明确的工艺要求和质量标准，作为配件加工和检验的依据。对于需要自制的配件，应有计划地做好图纸准备工作，除向生产厂购置或向兄弟单位借用外，必要时应自行测绘，并逐步积累尽可能多的配件图纸，以满足自制配件的需要。

此外，还要收集各项物资的供应目录，如轴承、胶带、油封、紧固件、液压及电气元件等各种通用件的目录资料，并分类装订成册。这类通用件的项目和数量在配件计划中比重极大，是必不可少的基础资料和编制依据。

2. 配件储备定额的计算方法

配件储备定额是指在一定条件下，为保证机械运行与维修所必须的最经济最合理的配件储备数量标准。它取决于配件的消耗量和供应周期。

配件消耗定额是指对某种配件所规定的在一定时间内的消耗数量。由于零件使用寿命受多方面的影响，如零件质量、使用条件、维修质量等因素，因此，制定配件消耗定额是一项比较复杂、细致的技术工作，其编制方法有统计分析法和经验估计法两种。

根据配件订货方式的不同，储备定额的计算方法有以下三种：

(1)定量订货方式。这种方式适用于随时可以订购的零部件，每次订货数量可基本保持不变，当库存下降到最低储备时，可一次采购到最大储备量，周而复始，如图 6－8 所示。

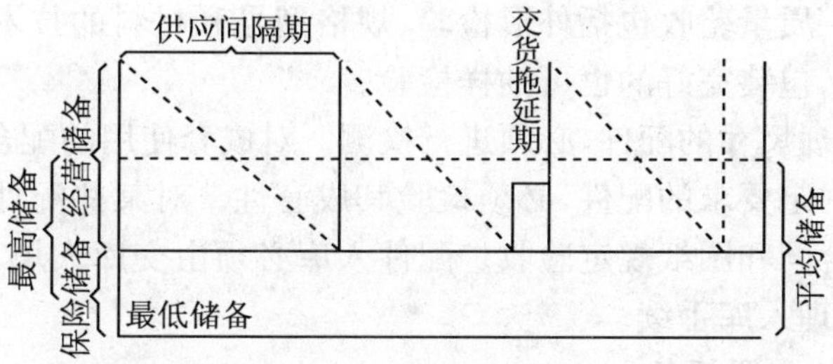

图 6－8　储备定额关系图

图中各储备量之间的关系如下：

最高储备定额＝经营储备定额＋保险储备定额

经营储备定额＝供货间隔期(日)×日均消耗量

保险储备定额(最低储备定额)＝保险储备天数×日均需求量

(2)定期订货方式。这种方式适于按年或按季订货，年内订货次数和订货时间一般是同定不变的。这时的年储备定额可按下式计算。

$$年储备定额＝年消耗定额\times\frac{配件周转期(月)}{12(月)}\times储备系数$$

周转期是指配件从计划到入库所需的时间(月)。周转期的长短，直接关系到储备量的大小，因此，它是编制储备定额的重要依据。储备系数是同型机械数量增加时，乘以不同的系数，以降低储备量。储备系数可参照表 6－18 选定。

表 6－18　配件储备系数

同型号机械台数	1	2～10	11～30	>30
配件储备系数	1	0.8～0.9	0.6～0.7	<0.5

$$年消耗定额＝\frac{同型号机械开动台数\times每台件数\times年台均计划使用时间(月)}{该配件的平均使用寿命}$$

(3)维持库存方式。这种方式既不定量订货，也不定期订货，适用于非易损件，主要是一些使用量很少，需求的随机性很大，单价昂贵而又不易及时采购的配件。其储备的原则是适当地确定某个配件的储备量，随时补充，维持一定数量的库存。

3. 配件供应管理的程序

(1)组织配件的订货、采购、加工，从配件的质量、价格、交货期限、售后服务等方面选择供货单位。

(2)签订订货合同。合同的内容应包括：配件名称、机型、规格、件号、数量、单价、质量标准、交货日期、包装要求、交货验收及结算方式和经济责任等。合同签订后，要有专人负责保管，定期检查合同的执行情况。

(3)加强对市场配件供应情况的调查了解，掌握市场信息，做好配件供销发展趋势的预测，掌握配件供应工作的主动权。

(4)广泛与各兄弟单位建立配件协作网，做好互通有无、调剂余缺，扩大配件来源。企业内部也应加强对配件的平衡调度。

(5)对各种供应渠道都缺货的配件,应千方百计组织生产或推广配件改代利用和旧件修复。

(6)配件到货后必须及时开箱验收。首先要核对凭证,包括订货合同、供货单位的质量证明书、装箱单或发货明细表、运输部门的运单或损坏记录,然后核对数量,最后检验质量,这是验收工作的重要环节。质量验收包括外形检验、规格型号和材料的技术鉴定等。一般应进行全数检验,对数量较大、包装完好的也可抽样检验。

在验收时,对有修理尺寸的配件,必须进行检测。对成套使用的配合配件,应成组更换,且对某些尺寸和重量有一定要求的配件,必须检验其成套性。对某些配件在合同中规定要作物理、化学检验的,应按合同和图纸规定验收。配件入库必须由交库人填写配件入库单,经保管员核实无误后,方可办理入库手续。

4. 配件库存管理的主要任务

配件库存管理的主要任务是:保管好库存配件,作好配件的维护保养;做好配件发放工作;组织配件的回收利用和压缩处理;搞好配件储备和消耗的统计分析。为此,必须建立配件仓库的管理制度,包括配件入库、保管、领用、处理以及统计报表等各项工作要求。配件在运输、移动和保管过程中,其密封可能受到破坏,因而产生锈蚀,影响使用质量,严重时成为废品。作好配件的维护保养,是保证库存配件质量的重要措施。

(1)配件入库

1)凡入库配件,必须具有质量合格证明,或经验收合格者,方可入库。

2)配件入库必须由交库人填写配件入库单,经保管员核实无误后,方可办理入库手续。

3)配件入库后应登记建账、立卡,并设专人负责配件的建账、立卡工作,即配件入库后,应登记上账和填写配件卡片。配件账目还应反映配件的收、发、存的金额情况,便于考核库存资金。配件卡片反映配件的收、发、存的数量情况,便于清点配件的储备数量。每月末应对账,做到账、物相符,账、卡相符。如果发现不符,就应查明原因,及时纠正。

(2)配件的保管

1)入库的配件要保管好、维护好,不丢失、不损坏变形、不老化变质。要加强对精密配件的保管,要根据防锈油的性能定期检查、涂油。

2)配件入库登账,出库消账,每月结账,每半年进行一次盘点。

3)要做到三清(规格清、数量清、材质清)、两齐(库容整齐、码放整齐)、三一致(账、卡、物一致)、四定位(区、架、层、号定位)、五五码放(按一五一十地码放整齐)。

配件库房要有干燥、通风、采光、防尘、排水和防火设施,有摆放配件的货架和存放文件、账、卡的箱柜,有简单运输工具、计量工具、防锈涂油器具等。配件的养护就是根据配件的物理和化学性质,结合储存环境和自然条件,按配件的保质有效期限,对不同种类配件进行各种维护和保养工作。仓库管理人员应定期检查配件的养护情况,保证配件得以完好储存。

(3)配件的发放

1)配件领用凭领料单。对不同的配件,要制定相应的领用办法和审批手续。

2)配件发出后要及时登记和消账减卡。

3)对有回收和利用价值的配件,应执行交旧领新制度。缴回的旧料,均应妥善整理,分类储存,有计划地组织修复利用。

(4)盘点与统计

配件每月末清点结账一次，每半年进行一次盘点，当出现盘盈和盘亏时应详细填报盘点清单，查明原因，并经有关领导审查批准后调整账面。

1)作好配件到货情况记录，结合库存和发放情况的原始记录和统计分析，摸清配件供应规律，促进配件计划和供应工作水平的提高。

2)健全库存配件的账、卡管理，正确及时地反映库存情况，为加强配件库的管理和正确编制计划提供依据。

3)通过配件的各项发放记录，分析配件使用规律，以加强配件消耗和储备定额的管理。

对于库存积压的多余配件应及时申报处理。关键配件调出时，须经机械管理部门负责人同意。配件因购置不当、验收错误、保管不善而形成废品，要查明原因，提出处理意见和防范措施后，按规定上报审批报废。调出或报废的配件在处理后要及时销账。

(5)配件的维护保养

1)配件的启封。可根据密封材料的性质选用，常见密封材料有有机溶剂、沸水、热油、热碱。

2)配件的除锈。配件的除锈方法有机械除锈、电解除锈、手工除锈、化学除锈等几种，可根据具体情况参考本书相关内容选用。

3)配件的密封。配件经过启封除锈后，必须涂敷防护材料，以防止继续生锈。涂敷防护材料通称密封，一般步骤为：清洗、干燥、密封。密封层的硬软程度，可用增减蜡的用量来调节。密封油蜡厚度一般在 1～1.5mm 为宜。控制厚度可通过控制油蜡温度来达到。待油蜡冷凝后，用具有韧性、防油、防水等性能的纸包装包装。

(6)备件的处理

备件管理员应经常了解设备情况，凡符合下列条件之一的应及时处理，办理注销手续：

1)设备已报废，单位已无同类型设备；或设备已改造，剩余备件无法利用。

2)由于制造质量和保管不善而无法使用，且已无修复价值报有关部门批准的。

3)设备已调拨，而备件未随机调拨，本单位又无相同型号的设备。

5. 核算机械配件储备资金定额的核算方法

(1)按备件卡上规定的储备定额核算。

(2)配件储备资金核算方法应根据配件储备定额的数量、按其单价折合总金额，即为配件储备资金。用此法核算时实际计算量太大，为简化起见，一般采用按企业机械原值的 6%～7%核定。

(3)配件储备资金周转的快慢能反映配件管理水平的高低。周转期一般应在 18～24 个月左右。

(4)根据上年度的备件储备定额，结合上年度的备件消耗金额及本年度的设备维修计划，企业自已确定本年度的储备资金定额。

6. 配件储备资金的考核指标

配件储备资金定额是指企业财务部门核定的配件库存资金限额。在满足维修需要，减少停机损失前提下，尽量减少资金占用额。为了反映考核年度备件技术经济指标的动态变化，备件库内每个备件都应填报年度备件主要技术经济指标动态表，见表 6－19。

表 6－19　年度备件库主要技术经济指标动态表(元)

项目 年份	年初库存	收入				发出				期末库存	全年消耗量	周转率	周转加速率
		外购	自制	其他	合计	领用	外拨	其他	合计				

(1)备件资金周转期。在企业中，减少备件资金的周转期和加速周转率有很大的经济效益，也是反映企业备件管理水平的重要经济指标，其计算公式为：

$$配件储备资金周转期(年)=\frac{年平均库存金额}{年配件消耗金额}$$

(2)配件储备资金周转期或周转率。资金周转期越短越好，资金周转率越高越好。周转率的计算公式为：

$$资金周转率=\frac{年配件消耗金额}{年平均库存金额}\times100\%$$

(3)资金占用率。用来衡量配件储备资金的合理度，以便控制配件储备资金占用量，其计算公式为：

$$资金占用率=\frac{配件储备资金总额}{机械总原值}\times100\%$$

第四节　机械设备修理的一般工艺

一、接收待修机械

设备使用单位应按修理计划规定的日期，在修前认真作好施工生产任务的安排。对由企业机修车间和企业外修单位承修的设备，应按期移交给修理单位。移交时，应认真交接并填写“设备交修单”(见表 6－20)，一式两份，交接双方各执一份。

表 6－20　设备交修单

<table>
<tr><td colspan="2">设备编号</td><td>机械名称</td><td colspan="3">型号规格</td></tr>
<tr><td colspan="2"></td><td></td><td colspan="3"></td></tr>
<tr><td>交修日期</td><td>年　月　日</td><td>合同名称、编号</td><td colspan="3">、</td></tr>
<tr><td colspan="6">随机移交的附件及专用工具</td></tr>
<tr><td>序号</td><td>名称</td><td>规格</td><td>单位</td><td>数量</td><td>备注</td></tr>
<tr><td>1</td><td></td><td></td><td></td><td></td><td></td></tr>
<tr><td>2</td><td></td><td></td><td></td><td></td><td></td></tr>
<tr><td>3</td><td></td><td></td><td></td><td></td><td></td></tr>
<tr><td>……</td><td></td><td></td><td></td><td></td><td></td></tr>
<tr><td>10</td><td></td><td></td><td></td><td></td><td></td></tr>
<tr><td colspan="2">需记载的事项</td><td colspan="4"></td></tr>
<tr><td rowspan="3">使用部门</td><td>部门名称</td><td></td><td rowspan="3">承修单位</td><td>部门名称</td><td></td></tr>
<tr><td>负责人</td><td></td><td>负责人</td><td></td></tr>
<tr><td>交修人</td><td></td><td>接收人</td><td></td></tr>
</table>

年　　月　　日

注：本表一式两份，使用部门、承修单位各执一份。

设备竣工验收后，双方按“设备交修单”清点设备及随机移交的附件、专用工具。如果设备在安装现场进行修理，使用单位应在移交设备前，应彻底擦洗设备，并为修理作业提供必要的场地。

由设备使用单位维修班组承修的小修或项修，可不填写“设备交修单”，但也应同样作好修前的施工生产安排，按期将设备交付修理。

二、机械拆卸

(1)做好拆卸前的准备工作。工程机械的种类和型号较多，在搞清其构造、原理和各部分的性能前，不要拆卸。应先制定拆卸顺序和操作方法，一般是先外后内、先总成后部件。

(2)根据需要确定拆卸的零部件。能不拆者尽量不拆，对于不拆卸的部分必须经过整体检验，确保使用质量，否则，会使隐蔽缺陷在使用中发生故障和事故。

(3)选择好拆卸的工作地点。机械在进入拆卸地点前，应进行外部清洗。机械进入指定地点后，应先顶起机身，用垫木垫牢，并趁热放尽各机构的润滑油、工作油、燃油和冷却水。

(4)要使用合适的工具、设备。拆卸时所用的工具一定要与被拆卸的零件相适应，避免因工具不合适而乱敲乱打，造成零件变形或损坏。必须了解机械各总成及部件的质量，正确使用起重设备，保证安全拆卸。

(5)拆卸时应为装配工作创造条件。拆卸时对非互换性的零件，应作记号或成对放置，以便装配时装回原位，保证装配精度和减少磨损；拆开后的零件，均应分类存放，以便查找，防止损坏、丢失或弄错。在工程机械修理中，由于机种型号繁多，一般均应按总成、部件存放。

三、机械零件清洗

清洗是修理工作中的一个重要环节，清洗质量对机械的修理质量影响很大。零件清洗包括油污、旧漆、锈层、积炭、水垢和其他杂物等的清洗。由于这些污垢物的化学成分和特性各不相同，其清除方法也各不一样。

1. 清除油垢

常用清除油垢的方法及应用特点见表 6－21。

表 6－21　常用清除油垢方法及应用特点

清洗方法	配用清洗液	主要特点	适用范围
擦洗	煤油、清柴油或水基清洗液	操作方便，不需要作业设备，但生产效率低，安全性差	单件、小型零件及大型件的局部
浸洗	碱性 BW 液或其他各种水基溶剂清洗液	设备简单、清洗时间长	形状复杂的零件和油垢较厚的零件
喷洗	除多泡沫的水基清洗液外，均可使用	工件和喷嘴之间有相对运动，生产效率高，但设备较复杂	形状简单且批量较大的零件，可清洗半固态油垢和一般固态污垢
高压喷洗	碱性液或水基清洗液	工作压力一般在 7MPa 以上除油污能力强	油污严重的大型工作
电解清洗	碱性水基清洗液	清洗质量优于浸洗，但要求清洗液为电解质，并需配直流电源	对清洗要求质量较高的零件，如电镀前的清洗
气相清洗	三氯乙烯、三氯乙烷、三氯三氟乙烷	清洗效果好、工件表面清洁度高，但设备较复杂，且安全性要求高	对清洗要求质量较高的零件
超声波清洗	碱性液或水基清洗液	清洗效果好、生产效率高，但需要成套超声波清洗装备	形状复杂并清洗要求高的小型零件

注：1. 清洗液的种类很多，有碱溶液、合成水基清洗液、化学除油溶液以及电化学除油的电解溶液等，应根据所使用的清洗方法来选用不同的清洗液。
2. 零件经过清洗后，在任何部位都不应残存油脂凝块。
3. 清洗后零件的光洁表面应擦拭干净，不得有油水存在。
4. 已清洗的零件，在运送过程或保管时，必须保持运送工具和盛器的清洁，不得染污；存放地点应注意防潮，以免日久生锈。

2. 清除锈

锈是金属表面与空气中的氧、水分和腐蚀性气体接触而产生的氧化物和氢氧化物。零件修理时必须将表面的锈蚀产物清除干净，可根据具体情况，采用机械除锈、化学除锈或电化学除锈等方法。具体见表 6－22。

表 6—22 常用除锈方法、应用特点

项目		除锈方法及主要特点
机械除锈	手工机具除锈	靠人力用钢丝刷、刮刀、砂布等刷刮或打磨锈蚀表面，清除锈层。此方法简单易行，但劳动强度大，效率低，除锈效果不好，在缺乏适当除锈设备时采用
	动力机械除锈	利用电动机、风动机等作动力，带动各种除锈工具清除锈层。如电动磨光、刷光、抛光和滚光等。应根据零件形状、数量、锈层厚薄、除锈要求等条件选择
	喷砂除锈	喷砂除锈就是利用压缩空气把一定粒度的砂子，通过喷枪喷在零件锈蚀表面，利用砂子的冲击和摩擦作用，将锈层清除掉。此法主要用于油漆、喷镀、电镀等工艺的表面准备，通过喷砂不仅除锈，而且使零件表面达到一定粗糙度，以提高覆盖层与零件表面的结合力
化学除锈		化学除锈又称侵蚀、酸化，是利用酸性（或碱性）溶液与金属表面锈层发生化学反应使锈层溶解、剥离而被清除
电化学除锈		电化学除锈又称电解腐蚀，是利用电极反应，将零件表面的锈蚀层清除
二合一除油除锈剂		除锈二合一除油除锈剂是表面清洗技术的新发展，可以对油污和锈斑不太严重的零件同时进行除油和除锈。使用时应选用去油能力较强的乳化剂。如果零件表面油污太多时，应选进行碱性化学除油处理，再进行除油、除锈联合处理

注：阳极除锈适合于高强度和弹性要求较好的金属零件；阴极除锈适合于氧化层致密、尺寸精度要求较高的零件。生产中常采用阴、阳极除锈交替进行，既可缩短侵蚀时间，又可保证尺寸精度及减轻氢脆。

3. 清除积炭

积炭是由于燃油和润滑油在燃烧过程中不能完全燃烧而形成的胶质，它积留在发动机一些主要零件上，使导热能力降低，引起发动机过热和其他不良后果。在机械修理中，必须彻底清除。通常采用机械法或化学法清除。具体见表 6—23。

表 6—23 常用除积炭方法、应用特点

项目		除积炭方法及主要特点
机械法清除积炭		一般在积炭层较厚或零件表面光洁度要求不严格时采用，有刮刀或金属丝刷清洗和喷射带砂液体清除两种方法。此方法简单易行，但劳动强度大、效率低且容易刮伤零件表面
化学法清除积炭	无机退炭	无机退炭剂毒性小、成本低，但效果差，且对有色金属有腐蚀性，主要用于钢铁零件。无机退炭剂配方见表 6—24
	有机退炭	有机退炭剂退炭能力强，可常温使用，对有色金属无腐蚀性，但成本高，毒性大，适用于有色金属及较精密零件。有机退炭剂配方见表 6—25

表 6—24 常用无机退炭剂配方（kg）

原料名称	钢件和铸铁件			铝合金件		
	配方 1	配方 2	配方 3	配方 1	配方 2	配方 3
苛性钠	2.5	10	2.5	—	—	—
碳酸钠	3.3	—	3.1	1.85	2.0	1.0
硅酸钠	0.15	—	1.0	0.85	0.8	—
软肥皂	0.85	—	0.8	1.0	1.0	1.0
重铬酸钾	—	0.5	0.5	—	0.5	0.5
水（L）	100	100	100	100	100	100

表 6—25 常用有机退炭剂配方

原料名称	煤油	汽油	松节油	苯酚	油酸	氨水
含量(%)	22	8	17	30	8	15

4. 清除水垢

水垢是由于长期使用硬水或含杂质较多的水形成的。清除的方法以酸溶液清洗效果较好,但酸溶液只对碳酸盐起作用。当冷却系中存在大量硫酸盐水垢时,应先用碳酸钠溶液进行处理,使硫酸盐水垢转变为碳酸盐水垢,然后再用酸溶液清除。

(1)对于铸铁气缸盖的发动机,除垢时可直接将酸溶液注入冷却系中,取下节温器后低速运转 20～40min,即可将冷却系中的水垢全部除去。酸溶液除垢后要全部放净,并用清水冲洗干净。

(2)对于铝质气缸盖的发动机,有两种清除水垢的溶液,一种是在每升水中加入硅酸钠 15g、液态肥皂 2g 的溶液;另一种是在每升水中加入 75～100g 石油磺酸的溶液。除垢时也可直接将溶液注入发动机冷却系统,使发动机在正常温度下运转。其中第一种溶液需运转 1h,第二种溶液需运转 8～10h 然后放净溶液,并用清水冲洗干净。

热的酸溶液与水垢作用时会产生飞溅,并排出有害气体。操作人员应戴耐酸手套和防护眼镜、口罩等防护用品。

四、机械设备检验

(1)解体检查。设备解体后,由主修技术人员与修理人员密切配合,及时检查零部件的磨损、失效情况,特别要注意有无在修前未发现或未预测的问题,并尽快发出以下技术文件和图样。

1)按检查结果确定的修换件明细表。

2)修改、补充的材料明细表。

3)修理技术任务书的局部修改与补充。

4)按修理装配的和先后顺序要求,尽快发出临时制造的配件图样。计划调度人员会同修理工(组)长,根据解体检查的实际结果及修改补充的修理技术文件,及时修改和调整修理作业计划,并将作业计划张贴在作业施工的现场,以便于参加修理的人员随时了解施工进度要求。

(2)生产调度。修理工(组)长必须每日了解各部件修理作业的实际进度,并在作业计划上做出实际完成进度的标志(如在计划进度线下面标上红线)。对发现的问题,凡本工段能解决的应及时采取措施解决,例如,发现某项作业进度延迟,可根据网络计划上的时差,调动修理人员增加力量,把进度赶上去;对本班组不能解决的问题,应及时向计划调度人员汇报。

计划调度人员应每日检查作业计划的完成情况,特别要注意关键线路上的作业进展,并到现场实际观察检查,听取修理工人的意见和要求。对工(组)长提出的问题,要主动与技术人员联系商讨,从技术上和组织管理上采取措施,及时解决。计划调度人员,还应重视各工种之间作业的衔接,利用班前、班后各种工种负责人参加的简短"碰头会"了解情况,这是解决各工种作业衔接问题的好办法。总之,要做到不发生待工、待料和延误进度的现象。

(3)工序质量检查。修理人员在每道工序完毕经自检合格后,须经质量检验,确认合格后方可转入下道工序。对重要工序,质量检验员应在零部件上做出"检验合格"的标志,避免以后发现漏检的质量问题时引起更多的麻烦。

(4)临时配件制造进度。修复件和临时配件的修造进度,往往是影响修理工作不能按计划进度完成的主要因素。应按修理装配先后顺序的要求,对关键件逐件安排加工工序作业计划,找出薄弱环节，采取措施，保证满足修理进度的要求。

五、机械设备修理后的质量检验及过程检验

（1）质量检验

机械设备的修理质量是衡量修理水平的主要指标，也是关系到修理单位能否生存、发展的关键。修理质量的检验依据是《机械修理规范》和《机械修理质量标准》。对于已修完出厂的机械设备，如发生修理质量事故，应实行包修、包换、包赔的三包制度。修理质量的检验内容包括一般预防性检验、修理程序检验和零件制配检验。

1）一般预防性检验指购进的材料、配件须经检验人员抽检，合格后才能入库。成批原材料须经检验人员查验生产厂提供的牌号、成分等合格证书，符合要求才能投产。对在用仪器、量具、工装夹具、刀具等，应由质量检验部门或有关权威性检测机构定期检查、鉴定或校验。

2）修理程序检验按照修理工艺流程分为进厂检验、解体检验、修理过程和修竣检验。零件制配检验，要求在每一道工序完成后，由制作人自检、班组长抽检，重要的工序应由专职检验人员复检合格后才能进入下一道工序。

3）零件加工完毕后，须经专职检验人员复检合格并在成品检验单上签章后方能装配或办理人库手续。

各级修理单位都应建立质量管理和质量保证体系，按照全面质量管理的方法进行工作，建立健全质量检验机构和检验制度。

（2）过程检验

1）加工工序检验。这是按照零件加工工艺卡片规定的技术要求，在加工工序间进行的检验。

2）组合工序检验。这是在零件组合为合件、组合件、总成的各个工序中，按照零件修换及装配标准进行的检验。

3）总成检验。这是对组装后的总成，按其技术性能的要求进行的检验。必要时应通过专用设备进行运转试验，以测定其功能。

4）总装配检验。这是在各总成装配成整机时按工序进行的检验。

过程检验是发现工序过程质量事故、保证修理质量的关键检验阶段。应实行承修人自检、班组长抽检和检验员复检相结合的“三检制”。经检验不合格的工件不得流入下一工序，不合格的总成不得装用。

六、机械装配

（1）做好装配前的准备工作，熟悉机械零部件的装配技术要求，清洗零部件。对经过修理和换新的所有零件，在装配前都应进行试装检查，确定适当的装配地点和备齐必须的设备、工具及仪器等。

（2）选择正确的配合方法，分析并检查零件装配的尺寸链精度，通过选配、修配或调整来满足配合精度的要求。

（3）选择合适的装配方法和装配设备。

（4）对所有耦合件和不能互换的零件，应按拆卸、修理或制造时所作的记号成对或成套装配，不允许错乱。对高速旋转有平衡要求的部件（如曲轴、飞轮、传动轴等），经过修理后，应进行平衡试验。长轴及长丝杆等细长零件，不论是新品或旧品，均应检查其平直情况。

（5）各组合件在装配时，应注意零件的失圆度、弯曲度、不同心度、不平行度以及不平度、不

垂直度等允许偏差积累，避免装配后的间隙或偏差超过装配技术要求的限度。因此，在装配时，应注意选配。

(6)注意装配中的密封，采用规定的密封结构和材料。注意密封件的装配方法和装配紧度，防止“三漏”。

(7)每一部件装配完毕，必须检查和清理，防止有遗漏未装的零件，防止将多余零件封闭在箱壳之中，造成事故。

七、机械大修后的磨合试验

大修后的主要总成，必须进行磨合运转，使零件表面的凸峰被逐渐磨平，以增大配合面积，减小接触应力，提高零件承载能力，从而降低磨损速度，延长使用寿命。

(1)发动机的磨合试验

发动机的磨合分三个阶段进行，即冷磨合、无载荷热磨合和载荷热磨合。

1)冷磨合。冷磨合是将不装气缸盖的发动机安装在磨合试验台上，用电动机驱动进行磨合。开始以低速运转，然后逐渐升高到正常转速的1/2～2/3。但其中高速时间不宜过长。磨合持续时间根据发动机装配质量，在40min～2h内选择。

磨合过程中，如发现局部过热、异响等不正常现象，应立即停止磨合，待故障排除后，方可继续进行。

冷磨后要对主要组合件进行检验，观察气缸、曲轴等滑动配合表面的光洁度和有无拉毛及偏磨情况。磨合合格后，将发动机装配全齐，更换润滑油并清洗滤清器，为热磨合作好准备。

2)无载荷热磨合。启动发动机，在无载荷情况下运转，从额定转速的1/2逐渐升高到3/4左右，总运转时间不超过0.5h。

磨合过程中应听诊发动机的声音，检查组合件的发热程度和运转的平稳性，观察各仪表的读数是否正常，润滑油温不应超过80℃。

磨合后应对气门间隙按热车规范进行调整，拧紧气缸盖螺母。

3)载荷热磨合。载荷热磨合的磨合时间，可参照下列范围：

①额定载荷的15%～20%，磨合时间为5～10min；

②额定载荷的50%～70%，磨合时间为10～20min；

③满载荷，磨合时间为5～10min。

磨合后的检验发动机全部磨合终了后，应进行检查。如发现某些缺陷和故障，应排除后按规定要求装复。

(2)变速器的磨合和试验

1)变速器磨合的目的在于改善齿面的接触精度，提高齿轮运转的平稳性；同时检查动力传递的可靠性、操作的灵活性以及有无发热、噪声、漏油等现象。

2)变速器各挡的磨合和试验应在空载和载荷两种情况下进行，加载程度应逐步递增，并尽可能达到正常工作载荷程序，但加载时间不宜过长。总的磨合时间主要应取决于每一挡位齿轮的原始啮合状况，一般空载磨合时间在2h以内，载荷磨合时间在20min以内。磨合时的主轴转速应近似于发动机的额定转速。

3)将变速器装到磨合试验台上，加入适当的润滑油，对磨合高耐磨合金钢齿轮时还要先加入研磨膏，然后启动电动机进行磨合。在磨合过程的同时进行各项检查，注意分辨齿轮的声响。每一挡的声响达到正常要求时，即可转入另一挡，直至全部挡位合格为主。如由于变速器壳体发生严重变形而产生较大的噪声，应先修复后再进行磨合。

为使磨合过程时间短，磨损量少，必须注意下列要求：

①磨合过程的载荷和转速必须从低到高，经过一定时间的空载低速运转，然后分级逐渐达到规定转速和不低于75%～80%的额定载荷。

②针对新装组合件间隙较小和摩擦阻力较大的特点，正确选用流动性和导热性较好的低黏度润滑油。

八、机械设备修竣验收

机械设备修竣后，由修理单位会同送修单位共同进行技术试验，达到机械大修验收技术标准的要求方能办理修竣出厂的手续。

(1)修竣出厂的验收内容

1)外部检查。主要检查机械设备装配的完善性，其中包括润滑、紧固、渗漏现象的抽查。

2)空载运转试验和负荷试验。测试机械设备的动态性能，包括启动性能、操纵性能、制动性能和安全性能，是否达到机械设备正常使用的技术要求。通过试验发现并排除缺陷和故障，进行必要的调整和紧固工作。

(2)修竣出厂验收的程序

设备大修理完毕后经修理单位试运转并自检合格，并经设备管理部门、质量检验部门和使用单位的代表一致确认后，由各方代表在“设备修理竣工报告单”(表6—26)上签字验收。

表6—26 设备修理竣工报告单

设备编号		机械名称		型号与规格	复杂系数 JF / DF
设备类别	重大 关键 一般	修理类别		施工令号	
修理 计划	年 月 日至	年 月 日共停修 天			
修理 实际	年 月 日至	年 月 日共停修 天			
修理工时(h)					
工种	计划	实际	工种	计划	实际
钳工			油漆工		
电工			起重工		
机加工			焊工		
修理费用(元)					
名称	计划	实际	名称	计划	实际
人工费			电气修理费		
备件费			劳务费		
材料费			总费用		
修理技术文件及记录	1. 修理技术任务书 份。 2. 修换件明细表 份。 3. 材料表 份。		4. 电气检查记录 份。 5. 试车记录 份。 6. 精度检验记录 份。		
主要修理及改装内容					
遗留问题及处理意见					
验收意见	验收单位		修理单位		质检部门检验结论
	使用单位	操作者	计划调度员		
		机动员	修理部门		
		主管	机修工程师		
	设备管理部门代表		电修工程师		
			主管		

1)做好修竣出厂验收的准备工作，对修竣机械进行一次全面的检查、清洁、润滑、调整、紧固工作；

2)进行修竣出厂验收，经试验验收合格后，由承修单位填写机械设备修竣验收单并附主要部件和总成的装配检验记录、检查验收记录等资料；

3)对于由于客观条件的限制，未达到质量标准的零部件和总成，应加以说明，征得送修单位同意后办理签字手续。

修理单位在机械设备修竣出厂之后，还应作好修后服务。修理单位应在一定期限内，保证修竣机械设备达到规范要求的使用性能和良好的使用状态，这一期限称为大修保证期。在保证期内，如果修竣的机械设备发生一般故障，经调整即能排除者，应由使用单位自行解决，如果发生较大的变化，则应由送修单位通知修理单位共同检查，分析原因，明确责任，根据对使用单位造成损失的程度，向修理单位提出索赔要求或由修理单位负责返修。

九、机械设备修理技术资料管理

(1)修换件明细表(表6—27)

1)应列入修换件明细表的零件

①需要铸、锻、焊接件毛坯的更换件；

②制造商周期长、精度高的更换件；

③需要外购的大型零部件，如高精度滚动轴承、滚动丝杠副、液压元件、气动元件、密封件、链条、片式离合器的摩擦片等；

④制造周期不长，但需要量大的零件；

⑤采用修复技术在施修时修复的主要零件。

2)不可列入修换件明细表的零件

①已列入本企业易损件、常备件目录的备件；

②通用型材和通用铸铁毛坯加工、工序少、修理时可临时制造而不影响工期的零件；

③需要以毛坯或半成品形式准备的零件或需要成对(组)准备的零件，应在修换件明细表中说明；

④对于流水线上的设备和重点设备、关键设备，当采用“部件修理法”可明显缩短停歇天数并获得良好的经济效益时，应考虑按部件准备。

表6—27　设备修换件明细表

设备编号			设备名称					
型号规格			F(机/电)			修理类别		
序号	零件名称	图号、件号、标准号	材质	单位	数量	单价(元)	总价(元)	备注
编制人			本面费用小计					

制表时间：　　年　　月　　日

(2)材料明细表(表6—28)

1)各种型钢。如圆钢、钢板、钢管、槽钢、工字钢、钢轨等。

2)有色金属型材。如铜管、铜板、铝合金管、铝合金板等。

3)电气材料。如电气元件、电线、电缆、绝缘材料等。

4)塑胶、塑料及石棉制品。

5)保温材料。

6)砌炉用各种砌筑材料及保温材料。

7)润滑油脂。

8)其他直接用于设备修理的材料。

表 6—28 设备修理材料明细表

设备编号		设备名称						
型号规格		F(机/电)			修理类别			
序号	材料名称	标准号	材质	单位	数量	单价(元)	总价(元)	备注
编制人			本面费用小计					

制表时间: 年 月 日

第五节 机械零件的修复工艺

一、焊接修复工艺

焊接修复是修理生产中的一种重要工艺。它是利用焊补、堆焊、钎焊等方法,修复零件的损坏和磨损部位。据统计,在建筑机械中,有50%的零件可以采用焊修。焊接修复的优点是:能焊修不同金属材料的零件;因堆焊层厚度较大,适于修补磨损大的零件;焊层与基体结合牢固;采用不同的材料和工艺,可得到不同强度和硬度的焊层;可以移动作业;节约金属,生产成本低,生产率高。

焊接修复也存在很多必须注意的问题,焊修时零件局部受热,易产生变形、裂纹和应力集中,若处理不当可造成零件报废;焊修时可能产生气孔、夹渣等影响质量的因素;焊后硬化造成加工困难等。所以在焊接修复时必须在工艺上采取防裂、防变形、防应力集中和防硬化等措施。

焊接修复时,应了解被修零件的材料、性能、热处理性和工作条件,正确选择焊接方法、焊接材料,做好焊前准备工作,严格按照焊接规范施焊,对于重要的零件在焊修时应焊前预热和焊后进行热处理,并设法减少母材熔入焊缝层的比例等。

焊接修复主要应用在以下方面:重接裂断的零件,并增强裂口处的强度;焊补裂纹、穿孔;消除漏气、漏油、漏水现象;堆焊磨损表面,恢复尺寸并增加耐磨、耐腐蚀、耐高温的表层。常见的焊接方法有焊条电弧焊、气焊、钎焊、振动堆焊、埋弧堆焊、气体保护堆焊、等离子弧堆焊等。

(1)钢零件的焊修

随着钢材含碳量及其他含金量的不同,可焊性差异很大。钢零件的含碳量愈高,出现裂纹的倾向就愈大,可焊性也愈差;常用合金元素含量增加,可焊性愈差。但少量的钛、铌等对可焊性有利。

(2)铸铁的补焊

由铸铁制造的各种零件(如气缸体、缸盖、曲轴、凸轴、后桥外壳、齿轮箱壳以及各种支座、壳体),常常会发生开裂、缺损和局部磨损等损坏,需要采用补焊措施进行修复。

选择补焊方法时应考虑零件的特点、要求（如零件的材料、大小、厚度、缺陷类型，以及强度、硬度、加工性等）和修理单位的具体情况（如设备条件、材料来源、焊工技术水平等）。常用的焊接方法见表 6－29。

表 6－29　常用铸铁补焊方法

焊接方法	分类	特点
气焊	热焊法	焊前预热到 600℃，在 400℃以上施焊，焊后在 650～700℃保温，采用铸铁填充料，焊件内应力小，不易裂，可加工
	冷焊法	焊前不预热，焊后缓冷。用铸铁填充料。不易裂，可加工
电弧焊	热焊法	采用铸铁芯焊条，温度控制同气焊热焊法，焊后不易裂，可加工
	半冷焊法	采用钢芯焊条，预热到 400℃，焊后缓冷，加工性不稳定
	冷焊法	采用非铸铁组织的焊条，前不预热，焊后性能因焊条而异
钎焊		用气焊火焰加热，铜合金做钎材，母材不熔化，焊后不易裂，加工性好，强度因钎材而异

钎焊是指在焊修过程中基体金属基本不熔化，靠钎料熔化、润湿、扩散并填满缺陷部分而形成焊缝的一种焊接方法。常用于修复散热器、管道、燃油箱、电器等。

(3)堆焊

堆焊是应用焊接方法在工件表面堆敷一层金属以使工件的某个尺寸得到增加或获得某种表面特性的方法。在机械修理中，广泛应用堆焊的方法使磨损零件恢复尺寸和几何形状或获得一层耐磨、耐腐蚀的表面以提高寿命。

堆焊作为焊接工艺的一种方法，其工艺原理、过程与焊接相同。

二、压力加工修复工艺

压力加工修复零件的工艺是利用金属在外力或热应力作用下的可塑性来恢复零件磨损部位的尺寸和几何形状。根据金属可塑性的不同，压力加工可以在常温或热状态下进行。

常用的压力加工修复零件的工艺有镦粗法、校正法、扩张法、缩小法、挤压法等。

(1)镦粗法

镦粗法是借助压力来增加零件的外径，以补偿外径的磨损部分，主要用来修复有色金属套筒和滚柱形零件。如图 6－9 所示，镦粗法压力作用的方向与塑性变形方向相垂直，以减少零件的高度来补偿磨损的外、内径尺寸。

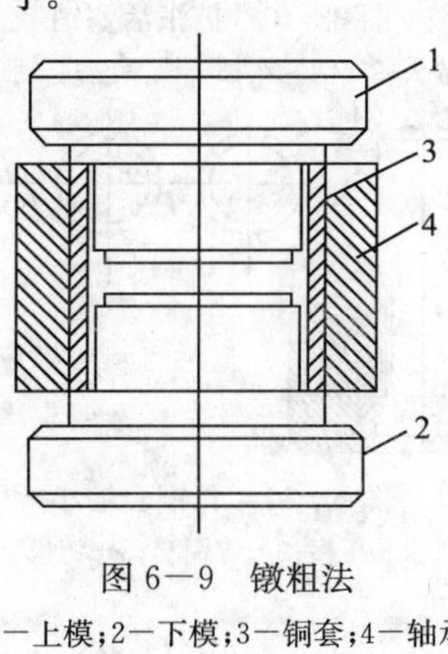

图 6－9　镦粗法

1－上模；2－下模；3－铜套；4－轴承

用镦粗法修复零件,零件被压缩后的缩短长度不应超过其原长度的15%。为使全长镦粗均匀,其长度与直径比例不应大于2,否则不适宜采用这种方法。

镦粗法可修复内径或外径磨损量小于0.6mm的零件,对必须保持内外径尺寸的零件,可以采用镦粗法补偿其中一项磨损量后,再采用别的修复方法保证另一项恢复到原来尺寸。

根据零件具体形状及技术要求,可做简易模具以保证所需的尺寸要求,尤其是对批量零件的修复更为有利,可提高效率,保证质量。设备一般可采用压床、手压床或用锤手工敲击。

(2)校正法

校正法通过对零件施加压力或加热使变形得以校正。通常有压力校正和火焰校正等。静压力校正(直)是将零件放在V形架上,将零件朝与变形相反的方向压弯,压弯量应适当超过校正量,并保持1～2min。火焰校正是将轴弯曲的部分的最高点用中性焰加热到4500℃以上,然后迅速冷却。由于冷却收缩量大于热胀量,故轴被校正。

(3)扩张法、缩小法

如图6—10所示,扩张法通过扩张内孔,使外径尺寸增大。例如活塞销,先高温回火(650～700℃,保温1～1.5h),后用10～20t压力机扩张,冲头直径比活塞销内孔大0.4～0.6mm,最后重新热处理(调质)、磨削、抛光。缩小法与扩张法相反,通过缩小外径,使内径随之缩小。如图6—11所示,缩小轴套,先切开,再入模具缩小,再焊接切口。

(4)挤压法

利用压力将零件不需严格控制尺寸部分的材料挤压到受磨损的部分,主要适用于筒形零件内径的修复。一般都需利用模具进行挤压,挤压零件的外径,以缩小其内径,再进行加工以达到恢复原尺寸的目的。根据材料塑性变形性的大小和需挤压量数值的大小,来确定模具入口斜度的大小。模具也可做成分段,如图6—12中所示Ⅰ、Ⅱ、Ⅲ,这样更便于挤压成形。

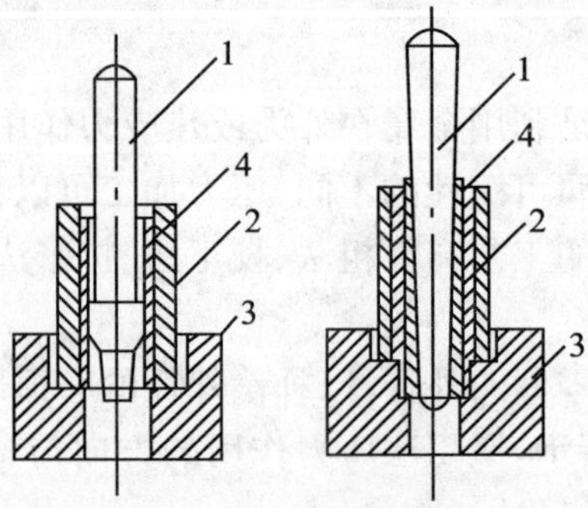

图6—10　扩张活塞销

1—铳头;2—活塞销;3—模具座;4—胀缩套

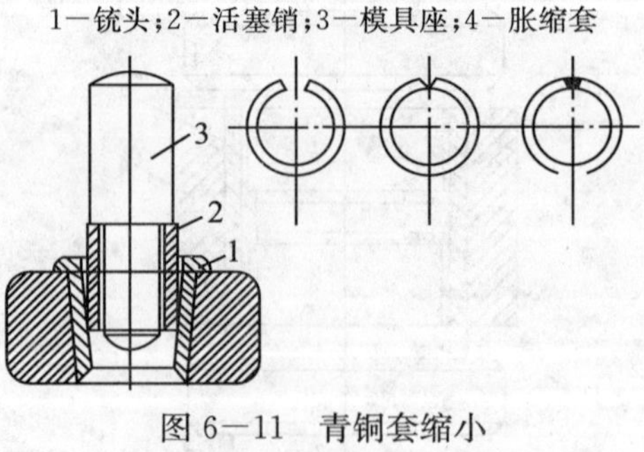

图6—11　青铜套缩小

1—压模;2—青铜套;3—铳模

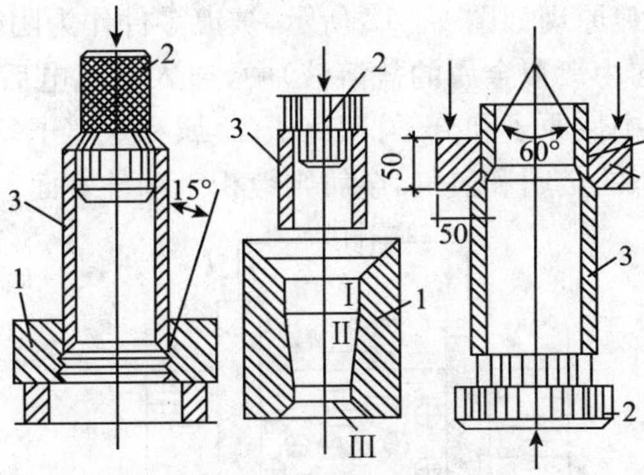

图 6－12　挤压

1－模子；2－冲头；3－零件

当金属的塑性变形性质低时，挤压段的锥度可采用 10°～20°（当挤压值大时）或 30°～40°（当挤压值小时）；对塑性变形性质高的材料，斜度可采用 60°～70°，当挤压值很大时，也可使用两个模子。如图 6－12 所示的模子形状，最适于挤压青铜套筒。模子孔内径尺寸为套筒外径值减去两倍的套筒磨损值及挤压储备值（约 0.2mm）。挤压时可使用压床或用锤均匀敲击，达到要求为止。

三、机械加工修复工艺

用机械加工法修理零件必须考虑加工表面的形状精度要求，以及加工表面与其他不修理加工表面之间的相互位置精度要求。

具体的修复工艺和修理方法比较多，可根据零件的结构特点、磨损程度、工作条件、材料性质等作出选择，表 6－30 列举了各种修理方法的优缺点、适用对象和工艺性能以供参考。

表 6－30　一般机械加工法

机械加工修理法	优　点	缺　点	适用零件举例
修理尺寸法（不管原有尺寸如何，仅恢复它的配合，使其工作性能不减弱）	（1）可充分利用原零件的金属，使复杂而贵重的零件寿命延长； （2）修复质量高，工作可靠，方法简单、经济	（1）需修理或更换相配合的零件； （2）限制了零件互换性； （3）零件尺寸变化较大，往往会削弱零件强度	曲轴、气缸、活塞、气门、活塞销、大部分工程机械不重要的销轴和销座等
附加零件法（镶进一个附加零件，以补偿被磨损或切削去的部分）	（1）可以修复严重磨损的配合零件； （2）修理中零件免于高温，避免退火的影响； （3）修理质量高，可以重复修复，使基本零件使用期延长	（1）仅用于零件构造上允许减小或增大尺寸时使用； （2）对零件强度影响大； （3）修复内容较为繁项	一般轴、孔的修复
局部更换法（将需要修复的零件上某一部位的金属除去，换上一个新的部分）	（1）修理质量高； （2）节省材料	（1）工艺复杂； （2）对硬度大的零件加工困难	半轴或其他带花键的轴（更换花键部分）

四、电镀修复工艺

电镀是利用电解的方法，使电解液中的金属离子还原成金属原子，并沉积在零件表面上形成金属镀层的一种技术。电镀原理如图 6－13 所示，被镀零件作为阴极悬挂于电解液(除了镀铬时采用铬酸溶液外，一般均为镀覆金属的盐溶液)中，通入直流电后，阴离子移向阳极，到达阳极时放出多余电子而成为中性原子和分子；阳离子(金属和氢离子)移向阴极，到达阴极时取得缺少的电子，成为中性状态的金属和氢气，金属则镀积于零件表面。

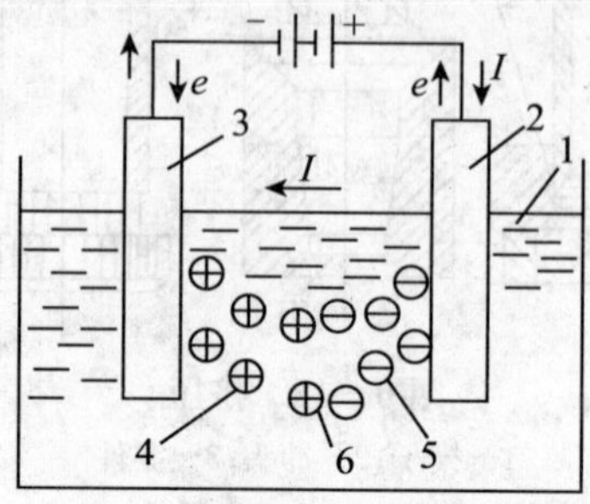

图 6－13 电镀原理示意图

1－电解液；2－阳极；3－阴极；4－阳离子；5－阴离子；6－中性原子(或分子)

电镀作为一种修复技术，通常用于修复磨损失效的零件和提高零件工作表面的抗磨性和防腐蚀性，以及其他用途。常用的电镀有电刷镀、镀铬、低温镀铁、镀镍、镀铜、涂镀等。

(1)电刷镀

电刷镀不需要镀槽，具有工艺灵活，镀液种类多，沉积速率高，特别适于在现场实施刷镀等优点。主要应用范围为：修复零件表面，恢复尺寸和几何形状，实施超差品补救；填补零件表面上的划伤、凹坑、斑蚀、空洞等缺陷。

电刷镀的工艺过程及要点为：

1)镀底层在刷镀工作层前，首先刷镀很薄一层(0.01～0.02m)特殊镍、碱铜或低氢脆镉作底层，提高镀层与基体的结合强度，避免某些酸性镀液对基体金属的腐蚀。

2)刷镀工作层正确选定镀层的结构和每种镀层的厚度。当镀层厚度较大时，通常选用两种或两种以上镀液，分层交替刷镀，得到复合镀层。

3)镀后处理刷镀后工件用自来水彻底清洗，用吹风机吹干，并涂上防锈油或防锈液。

注：电镀前应用活化液对工件表面进行处理，提高镀层与基体的结合强度。

(2)镀铬

镀铬层具有抗磨、减磨、防腐等优良性能，因此在相当大的程度上能改善修复零件的质量，特别是提高表面耐磨性。

镀铬工艺在镀槽内镀铬，其工艺过程由镀前准备、下槽施镀和镀后处理三个顺序阶段组成：

1)工件表面进行预加工去除毛刺和疲劳层，并获得正确的几何形状和较低的表面粗糙度。

2)电净处理对工件欲镀表面及其邻近部位用电净液进行精除油。

3)对工件表面进行处理，以去除氧化膜和其他污物，使金属表面活化，提高镀层与基体的结合强度。

4)施镀工件在镀槽内阳极腐蚀后，立即转接为阴极(通过转换开关)，进入正常镀铬。

5)镀层的检查和处理施镀至规定的时间，将镀件从镀槽中取出，冲洗零件及挂具沾留的镀铬液后，进行镀层质量检查。测量镀层的厚度和均匀性，观察镀层表面状态及色泽。最后根据镀层尺寸、几何形状和粗糙度要求，进行磨削加工。

(3)低温镀铁

低温镀铁主要用于修复在有润滑的一般机械磨损条件下工作的动配合件的磨损表面，以及静配合磨损表面，以恢复尺寸，也用于补救零件加工尺寸的超差。

1)镀前预处理。前首先对工件进行除油防锈，之后再进行阳极刻蚀。

2)侵蚀。把经过预处理的工件放入镀铁液中，先不通电，静放 0.5～5min 左右。

3)起镀与过渡镀。这是低温镀铁工艺中影响镀铁层与基本金属结合强度的关键工序之一。

4)正常直流镀。当结束过渡镀后，就转入了正常电镀，以保证必要的沉积速率、电流效率和镀层的性能。

5)镀后的质量检查和处理。镀后冲洗干净后，应检查镀层色泽，有无起皮、针孔、缺镀等，必要时应测定镀层硬度。

当镀层质量合格后，可根据需要和技术条件的要求进行机械加工(磨削)。

参考文献

[1]天津市城乡建设委员会．全国统一施工机械保养修理技术经济定额[S]．北京：中国建筑工业出版社，1993.

[2]能源部基本建设司．施工机械设备管理与使用[M]．北京：水利水电出版社，1991.

[3]成都铁路工程学校．工程机械基础[M]．北京：中国铁道出版社，2003.

[4]西南交通大学．机械原理[M]．北京：中国铁道出版社，2001.

[5]杨文渊．简明工程机械施工手册[M]．北京：人民交通出版社，2001.

[6]陈选民．养路机械基础[M]．北京：中国铁道出版社，2000.

[7]李爽，陈南贵，等．养路机械[M]．北京：中国铁道出版社，1988.